U0222221

探索生命的奥秘

叶 盛　赵序茅　刘先平／著

中国少年儿童新闻出版总社
中国少年儿童出版社

北京

图书在版编目（CIP）数据

探索生命的奥秘 / 叶盛，赵序茅，刘先平著；杜晓西，宋金东绘. -- 北京：中国少年儿童出版社，2020.5（2020.6重印）

（抱抱地球　点亮生命）

ISBN 978-7-5148-6062-7

Ⅰ.①探… Ⅱ.①叶…②赵…③刘…④杜…⑤宋… Ⅲ.①生命科学–少儿读物 Ⅳ.①Q1-0

中国版本图书馆CIP数据核字（2020）第052342号

TANSUO SHENGMING DE AOMI
（抱抱地球　点亮生命）

出版发行：中国少年儿童新闻出版总社
中国少年儿童出版社

出 版 人：孙　柱

执行出版人：马兴民

责任编辑：李　橦　李晓平	封面设计：高　煜
美术编辑：缪　惟	版式设计：许文会
封面绘图：宋金东	责任校对：夏明媛
内文绘图：杜晓西　宋金东	责任印务：厉　静

社　　　址：北京市朝阳区建国门外大街丙12号	邮政编码：100022
编 辑 部：010-57526267	总 编 室：010-57526070
发 行 部：010-57526568	官方网址：www.ccppg.cn

印刷：北京瑞禾彩色印刷有限公司

开本：880mm×1360mm　　1/32	插页：2　　印张：4
版次：2020年5月第1版	2020年6月北京第2次印刷
字数：63千字	印数：8001–13000册

ISBN 978-7-5148-6062-7　　　　　　　　　　定价：25.00元

图书出版质量投诉电话010-57526069，电子邮箱：cbzlts@ccppg.com.cn

热爱生命，尊重自然

高洪波

在北京的南海子麋鹿苑内有一块"世界灭绝动物墓地"，那里排列着近三百年来已经灭绝的各种动物的"墓碑"，每一块"墓碑"上都铭刻着一种灭绝动物的名称、灭绝的时间和灭绝的地方。注视着这些"墓碑"，仿佛能听到动物们发出的最后的哀叫，让人心惊，也让人心痛。那里记录的只是一部分已灭绝的动物，更多的生物未被列入，甚至有些生物尚未被人类发现、认识，便已经悄然地告别了地球。

几百年来，随着人类活动的加剧，对大自然过度地开发和索取，使许多物种失去了赖以生存的家园，永远地从我们这颗蔚蓝色的星球上消失了。这是地球的灾难，是自然的灾难，也是人类的灾难。通过人类的历史我们知道，征服者、掠夺者最终都将祸及自身，因为他们不懂得尊重其他的民族，或肆意践踏其他国家的生存空间，所以才会最终招致失败。同样道理，如果人类不尊重在地球上共同生存的其他物种，不懂得生命的平等与和谐，那么等在前头的严重危机，离人类也将不远了。

人类并非孤立地存在于地球上。人类与自然万物之间，并不是人类所想的那样，就是一种资源利用的关系；人与自然万物都处在一个巨大的生态圈内，是相互联系、相互依存的循环关系。被称为"生态伦理之父"的奥尔多·利奥波德认为，人类只是由土壤、河流、植物、动物所组成的整个土地社区中的一个"公民"。在这个社区中，所有成员都有其相应的位置，都是相互依赖的。在生物进化的长途旅程中，人类与其他生物是结伴而行的旅者。同时他还说："探知人类与自然的和谐关系是诗人的领域。"这里说的"诗人"，我的理解是，不仅指创作诗歌的人，而且指所有写作的人，都需要深入地思考、认真地探究人与自然的关系，因为这是文学的一个永恒的母题。

多年前，我在《土地随笔》这篇散文中曾写道："世界上最常见又最易为人所忽视的，大概就是土地。我们的生命源于土地，最后又回归的还是土地。土地滋生万物，以绿色的庄稼、肥壮的牛羊、鲜美的水果，为我们提供生命的养分；土地又托住道路，承受高楼大厦的重压，让我们从这里到那里奔波走动，困乏时拥有一席安眠之处，土地在营养我们的同时，又荫护我们，帮助我们。土地恩德无量。"

天地厚德，方让这么多生命在其中繁衍生息。2020 年年初，突如其来的新型冠状病毒肺炎疫情在全球蔓延，打乱了人类社会的秩序，也让更多的人反省人与自然的关系。那么，在这样的特殊时刻，文学以及其他类型的图书，有责任去引导人们对生命、对自然的热爱，让更多的心灵去倾听大自然的声音，用满怀的诚意去拥抱地球——生命的母亲。

中国少年儿童新闻出版总社适时推出了"抱抱地球 点亮生命"丛书，其中有小学卷 5 本，图画书 6 本，共 11 本图书，可以说，这套书的题材丰富、类型多样、内容精彩。参与这套丛书的作者有著名的儿童文学作家刘先平、董宏猷、徐鲁、汤素兰，以及几位儿童文学中青年骨干作家；令人高兴的是还有科学家、生物学博士以及插画家等也参与了该丛书的创作。作者们发挥自己的专长，创作的不同门类的作品，多角度、多层面地让孩子去了解自然、认识地球、敬畏生命、热爱生活，带领他们从小建立良好的环保意识，牢固树立绿水青山就是金山银山的理念，对培养孩子们的科学精神和人文精神有所裨益。

倡导尊重自然、爱护自然的生态文明理念，促进人与自然和谐共生是当下必须做的功课，也是一代接一代的人持续要做的功课，我们需要从保持生态平衡的角度来思考，我们需要更好地学习自然规则，慎重地依照整个生物的循环系统去生存和创造，与自然的脉搏一起跳动。

人类一直不断地在向大自然索取所需，现在该给地球一个深情的拥抱了！感恩地球母亲的养育，问候地球上所有的生命，同时也表达我们深深的歉意。人类作为目前地球上分布广、能力强的生命，应该承担起自己的义务，那就是让我们和孩子一起用智慧和爱，点亮每一个生命，让所有的生命都在地球母亲的怀抱里生生不息。

愿"抱抱地球 点亮生命"丛书像一簇火种，为孩子们点亮爱、希望和使命。

（作者系中国作家协会副主席）

目录

001

EPT 小队在行动

叶　盛 / 著　杜晓西 / 绘

043

探秘金雕

赵序茅 / 著　宋金东 / 绘

085

走进童话岛

刘先平 / 著　杜晓西 / 绘

EPT 小队在行动

叶　盛/著　　杜晓西/绘

刘关张网络三聚首

疫情期间，学校停课，老师要求同学们待在家里，借助网络教学进行自学。

这天，老师布置的课外作业难住了刘雪儿：认识病毒。虽然雪儿也算是个四年级的小科学发烧友，有关动植物的杂志也攒了一大堆。然而，病毒什么的还真没怎么了解过，而且，这东西听上去就让人感到既害怕、又讨厌。可是，作业总得完成啊。没办法，疫情时期圈在家里不能外出，雪儿只好自己上网查证了。令她万万没想到的是，各种知识和消息塞满了显示屏，到底哪一条才是正确的？

就在雪儿一筹莫展的时候，爸爸伸出了援手，告诉她说，住在隔壁的赛博士就是一位医学专家，应该是一个很好的求助对象。

可是，疫情期间不提倡串门啊？

俗话说，近水楼台先得月。爸爸首先和赛博士通过电话沟通了一下情况，得到对方的同意后，雪儿联通了与赛博士的通话视频……

说来真巧，还有另外两个小学生正在跟赛博士进行视频通话，也是想求教有关病毒的科学知识。更巧的是，这两个小家伙正好是雪儿的同班同学，也都是科学迷，一个叫关天鹏，另一个叫张飞腾。

赛博士想了想，在视频通话中对他们说："这样吧，咱们来一场病毒探索之旅好不好？看看人类是怎么发现病毒的，病毒又是怎么回事，以及它为什么会让人生病。不过视频通话这种形式太不方便了。我可以在网络上开设一个虚拟空间课堂，你们都用自己的虚拟现实眼镜连进去，咱们马上开课，怎么样？"

"太好了！"3个小科学迷欢呼着，赶紧戴上自己的虚拟现实眼镜进入了这个虚拟课堂。他们兴奋地相互打着招呼，在课堂里看看这儿，摸摸那儿，感觉这种上课的方式又酷又特别。

不一会儿，赛博士也来了。3个小家伙赶紧向博士问好，然后就都安静了下来，等着赛博士带他们开启这趟病毒探索之旅。

烟草田病毒初现身

"同学们，欢迎你们来到我的虚拟课堂！"赛博士笑眯眯地说，"咱们今天病毒探索之旅的第一站是欧洲的一个国家——荷兰。不过不是现在的荷兰，而是19世纪末的荷兰。来，咱们出发吧！"

赛博士话音刚落，虚拟空间中的场景一闪，课堂就消失了。转瞬之间，他们4个人已经站在了一片农田中，四周都是绿油油的农作物。

"快看！"张飞腾喊了起来，"远处那些都是风车吧！咱们真的到荷兰了！"

刘雪儿可没那么兴奋。她知道自己是来学习的，此时已

经在观察身边这些植物了。"赛博士，这是什么植物啊？它们是不是生病了？"

"你说对了！"赛博士赞许地点了点头，"这些植物是烟草，它们的确生病了。你们看，这些烟草的叶子上满是黄色的花斑，所以这种病就叫烟草花叶病。"

关天鹏说："我知道烟草，它的叶子晒干了就可以制成卷烟。吸烟会导致肺癌，严重危害健康。这么坏的植物，得病就得病吧，不用管它。"

赛博士被关天鹏脸上气愤的表情逗乐了："你说得对，吸烟对人体健康的危害很大。不仅仅伤害吸烟者自己，还会通过二手烟伤害吸烟者身边的人。而且吸烟导致的癌症也不仅仅只是肺癌，还包括十几种全身其他部位的癌症。不过我们现在是身在 19 世纪末，这个时候的人们还不清楚烟草的危害，而是把它当成一种经济作物。为了解决烟草花叶病的问题，很多科学家付出了努力。他们发现，烟草花叶病是一种传染病。由于当时已经知道细菌能导致传染病，所以有人怀疑烟草花叶病也是由细菌引起的。"

"真的是细菌引起的吗?"刘雪儿问。

"很多人都想破解这个问题的答案。"赛博士答道，"当时在荷兰有位科学家叫马丁努斯·拜耶林克，他花了很长时间研究烟草花叶病，却没有找到什么致病细菌。于是他想：罪魁祸首会不会不是细菌呢?"

张飞腾立刻抢着回答："我知道，我知道! 那肯定是病毒! 咱们就是来认识病毒的嘛。"

"你答对了! 可是，要怎么证明呢?"赛博士问。

"就知道耍小聪明!"刘雪儿埋怨着张飞腾，转身对赛博士说，"赛博士，您别理他。快给我们讲讲吧!"

赛博士说："好，我来给你们说说。拜耶林克后来想到了一个很巧妙的办法。他首先把得了花叶病的烟草叶子捣碎，挤出汁液来，然后用一种陶片过滤器过滤。虽然陶片看起来不透水，但内部其实有很微小的蜂窝状孔洞结构，能让液体流过去，却不能让细胞通过。由于细菌都是单个的细胞，所以无法穿过这种陶片过滤器。就这样，拜耶林克获得了没有细菌的花叶病烟草汁液。你们快看，那个正朝咱们走过来的人就是拜耶林克，他手里拿的那瓶黄绿色液体就是过滤掉了细胞的花叶病烟草汁液。"

"赛博士，他要做什么啊？"关天鹏不解地问。

"他要把这些汁液涂到健康的烟草叶子上。"赛博士答道，"如果这样做能够让健康的烟草患上烟草花叶病，那就说明导致这种传染病的病原体比细菌还小，能够穿过陶片中的微孔。"

"那结果怎么样呢？"刘雪儿的声音莫名地显得紧张起来。

"让我们按下快进键吧！"赛博士在面前的空气中调出一个虚拟界面，按下快进键。果然，一切都快进了。拜耶林克小跑着似的飞速离开了，太阳飞速落下，月亮像流星一样划过天际；太阳重又飞速升起，再次飞速落下……就这样过了好几天，赛博士才重新按下播放键。

此时，拜耶林克正在观察那株涂过花叶病烟草汁液的烟草。3个小科学迷赶紧也凑了过去，只见那株烟草的叶子上已经长满了黄色的花斑。"拜耶林克成功了！这株烟草也生病了！"张飞腾举起拳头，兴奋地叫道。

"对，他成功了。看来，真的是一种比细菌还小的病原体导致了烟草花叶病。于是，拜耶林克在1898年发表了他的研究成果，并在他的论文中把这种微小的病原体命名为病毒。"

"哦，原来人类就是这样发现病毒的啊！"关天鹏点着头说道。

刘雪儿转了转眼珠，想到一个问题，拉住赛博士问："那拜耶林克知道病毒长什么样子吗？他在显微镜下看到病毒了吗？"

赛博士轻轻叹了口气答道："很可惜，直到拜耶林克1931年去世时，他也没见过病毒长什么样子。这是因为病毒太小了，在光学显微镜下根本看不到。走，我带你们去看看病毒的样子吧。"

电镜下病毒显原形

赛博士又调出了虚拟界面，输入几个指令。4个人身边的烟草田一闪也消失了，转瞬之间，他们就站在了一间实验室里，只见有几个穿着白色实验服的人正在一台两三米高的大仪器跟前忙碌。

"这是什么啊？"张飞腾迫不及待地问道。

"这是一台显微镜。"赛博士说。

关天鹏瞪大了眼睛："什么，显微镜？这么大的显微镜！我们学校的生物学实验室里也有显微镜，可比这个小多了。"

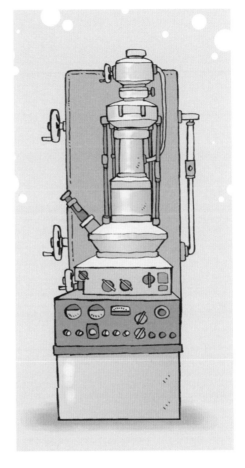

赛博士说道："你们在学校用的那种显微镜叫作光学显微镜。它虽然有很强的放大能力，能让我们观察到很微小的物体，但是也有观察的极限——在300纳米左右。这个尺度是可见光的波长范围，比这个尺度更小的东西，就无法在光学显微镜下看到了。"

"您刚才说过，光学显微镜是看不到病毒的。"刘雪儿说，"那么是不是说明，病毒更小呢？"

"完全正确！"赛博士很高兴，继续说道，"所以，要想看到病毒，就必须得借助放大倍数更高的电子显微镜才行。你们面前这台个头儿很大的设备，就是电子显微镜。"

"这台显微镜这么大，咱们要怎么看啊？难不成要爬到顶上去看？"张飞腾急得直挠头。

"哈哈哈！"赛博士被逗得哈哈大笑，"不用那么麻烦。这是一台1939年研制的电子显微镜，属于早期的电子显微镜，是使用胶片来成像的。不过今天的电子显微镜就方便多了，直接在电脑上就能看到它拍摄的图片。你们眼前的这台电子显微镜一直在做病毒的观察工作，大家快去看看科学家们用它拍摄的病毒照片吧！"

3个小科学迷赶忙跑到工作台前，这里果然有一叠黑白照片。他们拿起来左看看，右看看，也看不出个所以然来。

"怎么样，看到病毒了吗？"赛博士走到他们身后问道。

"是不是这些若隐若现的小黑点？"刘雪儿抢着说。

关天鹏不太同意，摇着头说："肯定不是，那个太小了。我说啊，是这些一坨一坨的黑疙瘩。"

"这照片上哪有病毒啊！都是脏东西嘛！"张飞腾也嚷

嚷着。

"这次啊，你们都答错了。这些科学家们拍摄到的就是拜耶林克发现的第一种病毒——烟草花叶病毒。这张照片上有很多烟草花叶病毒，就是上面那些细细的黑色长丝。"赛博士一边说，一边指给3个孩子看。

"我还以为病毒跟细胞一样，像个小圆球呢。原来病毒都是一根一根的细丝啊！"张飞腾说。

赛博士赶忙说："病毒并不都是这个样子的。虽然大部分病毒的确呈球状，不过比细胞可小多了。而且病毒的样子千奇百怪，各不相同。走吧，咱们去看看其他病毒的样貌。"

"好！"3个小家伙异口同声地答道。

入微观细胞变米粒

赛博士再次调出虚拟界面，一边操作一边解释道："为了能把病毒看清楚，这一次咱们不是要返回过去，而是要改变虚拟空间的比例尺，前往微观世界。"

张飞腾一听就来了兴致："微观世界？太好了！要怎么做？"

赛博士回答说："网络空间中的虚拟世界是通过计算机绘制出来的，想怎么设计都可以。咱们先把自己的身体比例缩小1000倍，去看看细胞的大小。你们几个孩子站稳了，千万别摔倒，也别害怕。"

说完，赛博士按下一个确定键。孩子们立刻感觉自己仿佛是在爱丽丝梦游的仙境里一样，身体正在飞速缩小。而那间电子显微镜实验室里的所有东西都迅速变大，然后逐渐变淡消失。很快，一切都停止不动了。

"我现在有多小？"关天鹏小心翼翼地问道。

"我已经把咱们几个人缩小到了原来的千分之一。你们几个实际身高都有1米多了吧？1米缩小到千分之一就是1毫米。所以，现在你们就只有1毫米多高了。"赛博士耐心地解释道。

"什么，我只有1毫米高？"张飞腾本来很兴奋，可突然又有点儿害怕，"那要是遇到一只老鼠怎么办，它不就变得像怪兽哥斯拉一样巨大了吗？"

"放心吧，我在这个空间里没有设计老鼠。不过，这里的确有一些细胞。它们相当于已经放大了1000倍。大家快来看看吧。"赛博士不知道从哪儿变出来一个盒子，里面大大小小有很多像软糖一样的东西。

"哇！这些软乎乎的就是细胞吗？怎么这么小啊？"关天鹏说。

刘雪儿观察得很仔细："这些是不同的细胞吧？有的像米粒一样小，有的像拳头一样大。"

"对！"赛博士说，"细胞的大小差异很大。这些小的细胞是细菌，也就几微米大小；大的细胞是卵细胞，有100微米大小。微米也是长度单位，是毫米的千分之一。咱们现在已经缩小了1000倍，这些细胞才看起来像是米粒和拳头的大小。如果咱们是正常状态的话，细胞用肉眼根本就看不见。"

"你们快看啊！"刘雪儿举着那个拳头大小的卵细胞喊着，"这个细胞里还有好多东西呢！可是看不太清楚。"

"细胞里有细胞核、细胞器……虽然构成很复杂，但也很有秩序，可不是乱糟糟的一锅粥。"赛博士说罢，把一个卵细胞掰成了两半，把各种细胞结构一一指给孩子们看。

"那病毒是不是也有这些复杂的结构呢?"关天鹏问。

赛博士回答道："你问了一个很好的问题。病毒也有结构，但是跟细胞很不一样。不过，要想看清楚病毒，咱们还得缩得更小才行。"

毒相异形态各不同

赛博士再次调出虚拟界面，又把代表比例尺的滑块向着缩小的方向调了1000倍，然后按下确认键。刚才还小如米粒或者拳头的各种细胞，立刻开始疯狂地长大，吓得孩子们赶紧把它们都扔到了地上。最后，当一切停止生长的时候，米粒大小的细菌细胞已经变得比这几个孩子还大了。而那个刚才像拳头一样大的卵细胞，现在已经变得像一座巨大的体育场一样了。

"咱们现在有多大啊?"关天鹏问赛博士。

"咱们又缩小了1000倍。1毫米的千分之一是1微米,也就是说,你们现在只有1微米那么高了。咱们已经缩小了100万倍,现在看到的东西也就相当于放大了100万倍。"赛博士答道。

"那病毒呢?病毒在哪儿呢?"张飞腾心急火燎地左右张望。

"真是个急性子!"赛博士摸了摸张飞腾的头说,"往下看,就在你脚边的地上,那些像用来炸油条的长筷子一样的东西就是烟草花叶病毒。"

3个小科学迷各自捡起了几根病毒"筷子",仔细查看。

赛博士继续说:"你们看,烟草花叶病毒的表面有螺旋形的花纹,这是因为烟草花叶病毒的外壳是由两种蛋白质组成的,并且这两种蛋白质呈螺旋状交替排列。在这层外壳的里面,装的就是它的遗传物质,是一条RNA(核糖核酸)分子。烟草花叶病毒长度有两三百纳米,直径却只有十几纳米。"

刘雪儿赶忙插嘴问道:"赛博士,纳米是多长啊?"

"纳米是微米的千分之一,也就是毫米的百万分之一,或者说是1米的十亿分之一。我们可以简单换算一下，需要把100万个烟草花叶病毒并排放在一起，才能达到十几毫米，也就是一根真正筷子的宽度。"赛博士解释道。

"我说过，病毒不全是长条状的，还有很多其他形状的。比如说这一种。"赛博士说着拿出几个亮闪闪的东西，每一个都有拳头大小，但并不是呈球形的，而是有棱有面的规则几何形状。

"这个好玩儿！像古代武将用的大锤，就是小了点儿！"关天鹏笑着接过了一个，翻来覆去地把玩。

"一点儿都不小。古人说'锤不过拳'，是说打仗用的锤不能超过自己拳头的大小，你们用这个正合适。"赛博士笑眯眯地说。

张飞腾听了猛眨眼睛："哇！赛博士连这个都知道？"

"哈哈，还是说说这个病毒吧。它的名字叫腺病毒。你们如果嗓子痛或者扁桃体发炎，有时候就是腺病毒引起的。它的大小有100纳米左右，形状是正二十面体，一种高度对称的几何体。腺病毒的正二十面体外壳完全是由蛋白质自己组装起来的，既结实又省材料。它的遗传物质DNA（脱氧核糖核酸）分子就藏在正二十面体里面。"赛博士一边说，一边拆开了一个腺病毒给大家看。

"赛博士，您快看，空中飘过来的是什么啊？也是病毒吗？"张飞腾指着很多悬浮在半空中的小球问。

赛博士抬头看了看，随手从空中抓了几个下来，张开手掌给大家看："这些是鼻病毒，有30纳米大小，现在看起来就像是红枣的大小一样。它们近似球形的外壳也是由蛋白质组装出来的，里面装着它的遗传物质RNA分子。顾名思义，鼻病毒平常就躲在我们的鼻子里。别看个头儿小，当你的免疫力下降时，它就要出来捣乱了，会让你患上普通感冒。"

"什么，感冒还有普通的？那有不普通的感冒吗？"刘雪

儿惊讶地问。

"的确有！"赛博士点点头，"普通感冒是一种自限性疾病，意思是说，咱们靠自己的免疫力就能战胜它，症状也不严重，不需要吃药。但是除了普通感冒以外，还存在流行性感冒，症状通常会比较严重，需要到医院接受治疗。说起来，流行性感冒也是由一种病毒引起的，叫作流感病毒。"

"都是让人得感冒的病毒，流感病毒肯定跟鼻病毒长得差不多吧?"张飞腾一边说一边捻碎了一个鼻病毒，仔细查看里面结构。

"这次你可猜错了，这两种病毒还真不一样！"赛博士抬起头来，在空中仔细辨认，最后跳着脚够到了一个比棒球还略大一些的球体，拿给孩子们看，"这就是流感病毒，直径有100多纳米，比鼻病毒大了不少。它的外壳与鼻病毒和腺病毒有很大的不同，不是由蛋白质组装出来的，而是像细胞一样裹了一层软软的膜，叫作包膜。流感病毒的遗传物质RNA分子就裹在这层膜里面。"

"唉！"张飞腾突然叹了口气，"这些病毒都差不多嘛，大大小小的都像小球似的，也找不出什么差别来，没什么意思。"

赛博士也看出来孩子们的兴致不是很高，于是神神秘秘地说："这样吧，咱们来玩一场游戏好不好？你们想不想真刀真枪地跟病毒来一场大作战？"

"想！"3个小科学迷都喊了起来，眼睛里放出了兴奋的光芒。

战病毒三英大比拼

"士兵作战，必须要有武器！"赛博士挺直了身板，像将军一样威严地挥了挥手，"现在就给你们每个人配发一把抗病毒专用的特种作战激光枪。"话音刚落，每个孩子的手中都多了一支大枪，科技感十足，样子很酷。

3个小家伙手中握紧枪，也不自觉地挺起了胸脯，感觉自己像是抗病毒的小战士一样。

赛博士继续下达命令："你们此次作战的目的，就是要消灭病毒。为了能让对抗更公平，更真实，咱们还得再缩小10倍。"

"那我不就只有100纳米高，变得跟病毒一样大小了吗?"张飞腾挠挠头，刚才的豪气都没影儿了。

刘雪儿却完全不受影响："这样才有挑战性嘛!"

关天鹏看起来也不害怕："放心吧，有我呢，保证完成任务!"说完还冲着赛博士敬了个军礼。

"好，咱们出发!"赛博士早就调好了虚拟界面上的比例尺数值，按下了确定键。这次只用缩小10倍，眨眼之间就完成了。刚才还像棒球一样大小的流感病毒，现在已经快跟孩子们一样高了。

"咱们设定游戏时间为30分钟，比比谁消灭的病毒数量更多。你们的激光枪侧面有个小显示屏，上面记录的数字就是你们各自消灭的病毒数量。"赛博士一边说一边在虚拟界面上设置好了一个计时器，并用手指虚按在开始键上，"预备——开始!"

3个小科学迷此时化身成了3个小战士，端着枪就向病毒冲了过去。张飞腾手里的激光枪仿佛是机关枪，扣下扳机不停扫射，打爆了一个又一个病毒。关天鹏则把激光枪用成了

手枪，冲到病毒中间，左一枪右一枪，闪转腾挪，好不威风。同样的激光枪到了刘雪儿手里却又变成了狙击枪。只见她找到一个稳定的支点，架起激光枪，仔细瞄准，不慌不忙，一枪一个，枪枪命中。

看到孩子们玩得这么投入，这么开心，赛博士决定给他们添加一点儿难度。只见他在虚拟界面上又输入了一些指令，然后按下确认键。

没过两分钟，刘雪儿从瞄准镜中最先发现了情况，赶忙冲着投身病毒堆里左冲右杀的关天鹏大喊："关天鹏，你快撤退。前面有奇怪的敌人！"

"什么奇怪的敌人?"关天鹏听到刘雪儿的话,转过头看向前方,这才发现果然有情况。原来是一些奇形怪状的东西正在向他们3个人包围过来,模样特别像是外星人的宇宙飞船:"飞船"的头部由很多三角形拼接而成,有点儿像是腺病毒的正二十面体,但又不太一样;头部的下面有一根长长的圆筒,有点儿像是烟草花叶病毒;圆筒的底部伸出来6只长腿,就像是飞船的着陆支架一样。

张飞腾也看到了这些奇怪的玩意儿,皱起眉头:"这也是病毒吗?"

"当然是了!"赛博士不知道什么时候来到了3个孩子身边,"这种病毒叫作噬菌体,是地球上真实存在的病毒,而且无处不在,只要有细菌的地方就有它的身影。不过它对人类和动植物都没有兴趣,只会攻击细菌。"

"快看,有个噬菌体跳到了细菌身上。"关天鹏指着远处的一个细菌说道。果然,只见一个噬菌体已经站在细菌身上,用6只"脚"牢牢抓住细菌身体,头部下面的长筒像钻井杆一样,好像已经钻透了细菌外壳。

张飞腾恍然大悟,拍了拍脑门儿,大叫一声:"不好!这

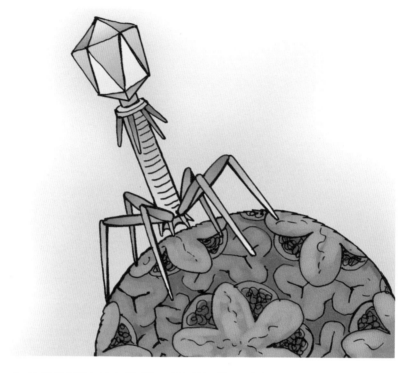

个噬菌体要钻破细胞膜，躲到细菌细胞里面去。看我来收拾它！"说罢举枪就要扫射。

赛博士赶忙按住了张飞腾的肩膀说："我可要提醒你们，咱们的游戏目标是消灭病毒，可不能伤害细胞。每打破一个细胞，就要扣10分哦。"

张飞腾一听，吐了吐舌头："那我不打了，这一扫射，我的分都得扣没了。"

"让我来吧。"刘雪儿自信地举起了枪,"已经打掉99个病毒了,正好拿它凑个整。"言罢枪响,噬菌体应声而爆。

"咦?刘雪儿,你的枪坏了吧?"关天鹏指着刘雪儿激光枪上的显示屏说,"怎么还是99啊?"

赛博士笑着解释道:"雪儿的确打中了那个噬菌体,但是它刚刚把自己的DNA遗传物质通过钻开的小孔,注入到细菌内部了。所以这一枪没起到消灭病毒的作用,就不能算数了。"

"那可怎么办?又不能伤害细胞。"张飞腾把手一摊,一副很无奈的样子。

"没关系,你们继续比赛就好。"赛博士意味深长地笑了笑。

噬菌体复制显神威

3位小战士继续着自己杀灭病毒的战斗,很快就把噬菌体的小插曲忘到了脑后。不一会儿,又是刘雪儿最先发现了异常："你俩快看！刚才被噬菌体入侵的那个细菌好像有点儿不对劲，身体里面怎么像是塞了很多东西似的，都快被胀破了！"

刘雪儿话音刚落，只听"呼"的一声巨响，那个细菌就炸开了花。紧接着，有上百个噬菌体从破碎的残躯里冲了出来。

"天啊！怎么回事？"关天鹏叫道。

"别管那么多了，快开枪啊！"刘雪儿一边喊，一边接连开枪。可是噬菌体数量太多，一枪一枪地打，根本打不过来。

"还是看我的吧！"张飞腾却来了精神，端起他的激光机关枪，一通扫射。别说，效果还真是比刘雪儿的点射强多了，打倒了一大片噬菌体。

可是，张飞腾都还没来得及炫耀，远处又有更多的细菌炸裂开来，更多的噬菌体蜂拥而出。它们组成了一支铺天盖地的大军，如潮水一样翻涌而来。

这个时候，3个孩子已经顾不上说话了，只是用各自的方式不停地开枪。噬菌体不断倒下，但是这道进攻的潮水也离3个孩子越来越近，仿佛顷刻之间就要把他们吞没掉了。

千钧一发之际，只听赛博士高喊一声："停！时间到！"周围张牙舞爪的噬菌体突然就都静止不动了，如同被孙悟空施了定身法一样。赛博士接着说，"我宣布，游戏结束。张飞腾杀灭的病毒数量最多，获得冠军！"

3个孩子全都累得瘫倒在了地上，枪也扔到了一边。就连获得冠军的张飞腾也没有庆祝的意思，只是大口喘着粗气。看到他们狼狈的样子，赛博士感到有点儿抱歉："孩子们，是不是都累坏了？"

"还好还好，真过瘾！"张飞腾最先缓了过来，"可是怎么会有这么多病毒呢？赛博士，你设定的游戏难度也太高了吧！"

"这可真不是我设定的。"赛博士感到有些冤枉，"真实世界中的病毒就是这样的。你们刚才看到了那个噬菌体把自己的DNA释放到细菌中，于是细菌就会把这个DNA当成是自己的DNA，照着DNA上的编码来生产噬菌体的蛋白质，同时还会把DNA复制出很多份拷贝。然后，这些新的噬菌体蛋白质和新的噬菌体DNA就会在细菌里组装成新的噬菌体，最后胀破细菌，释放出来，再去入侵更多的细菌。"

"天啊，太可怕了！这得变出多少噬菌体来啊？"关天鹏惊叹道。

"的确，在大自然中的噬菌体数量巨大。比如1立方厘米

的表层海水中，冬天会有超过1000个噬菌体，夏天则可能多达数十万个。如果遇上有害藻华等情况发生，噬菌体更是会疯涨到数千万个。"赛博士用两根手指比量出1厘米的大小给孩子们看。

张飞腾听罢吐了吐舌头："是不是只有噬菌体才这么可怕啊？长得又奇怪，数量又这么多！其他病毒不是这样的吧？"

"其实，噬菌体的复制数量还算少的，因为它们的个头儿在病毒里算大的，而细菌的个头儿在细胞里可算小的。如果是鼻病毒那样的小病毒入侵了人体细胞，复制出来的新病毒能达到几十万个之多。当然了，病毒的生命周期的确不相同，但有一点是共同的：它们都不具备细胞里面的细胞器，没有办法自己利用能量，没有办法自己生产蛋白质，更没有办法自己复制遗传物质。"赛博士总结道。

"这么一说，病毒好像是寄生生物啊！"刘雪儿若有所思地说。

赛博士点点头："从某种意义上来讲，的确可以说病毒是寄生在细胞里的。所有的病毒都要借助细胞的生产系统来大量复制新的病毒颗粒，再释放出去。这是病毒共同的求生之道。"

关天鹏又想到了一个问题："那病毒是怎么让我们生病的呢？是不是释放了什么有毒的毒素啊？"

"还真不是这样。"赛博士耐心地解释道，"病毒并没有毒，只是单纯地利用细胞里的物质资源和能量来复制自己而已。但是，当这些资源被耗尽，细胞肯定也活不下去了。还有很多病毒像噬菌体一样，在释放新病毒时会把细胞胀破，导致细胞的死亡。你们想想，如果我们身体里的细胞一个接一个死去，丧失了它们本该实现的功能，咱们是不是就要生病了啊？"

"哦，原来病毒是个可恶的强盗，不但抢走了细胞的资源，还把细胞给毁了！"张飞腾义愤填膺地说。

"那咱们就没有办法对付病毒吗？"刘雪儿焦急地问。

赛博士赶紧安慰大家："别着急，办法是有的，那就是咱们的免疫力。接下来，我就带你们去看看人体里的免疫系统吧。"

免疫力相助靠疫苗

张飞腾听说要去看人体免疫系统，忍不住皱了皱眉："咱们该不是要钻进谁的身体里去吧？这可有点儿恶心！"

赛博士笑了："那倒不必。实际上，免疫系统特别复杂，咱们要是真的进入身体里面去看，转上一个星期也看不完。所以啊，咱们今天就用示意图来说明吧。"说完，赛博士从虚拟界面上调出一张人体的三维示意图，放大之后悬浮在3个小科学迷的眼前。

只见这张示意图上已经把人体解剖开了，显示出人体内部的各种器官、血管、神经，还有骨骼。关天鹏凑过去，试着摆弄了一下。原来这些图像都可以一层层剥离开来，还可以局部放大和缩小，非常便于查看。

赛博士熟练地"拆"出来一根大腿骨，把它剖开，露出里面的骨髓，然后指着骨髓说："你们看，咱们全身的骨头里有大量的骨髓，这就是血细胞诞生的地方。免疫系统里重要的白细胞也是在这里生产出来的。免疫细胞分成很多种类，有多种T细胞，多种B细胞，还有树突细胞、巨噬细胞等等形态各异、功能也各不相同的细胞。除了器官和细胞，免疫系统中还有很多不同的分子，比如抗体和干扰素等等，它们

各司其职，才能保护我们的身体不受病毒和细菌等病原体的伤害。"

"乖乖，这么复杂啊！"张飞腾做了个鬼脸，"我可搞不明白。"

"嗯……我来打个比方吧。"赛博士继续解释道，"你们可以把身体想象成一座城市，那么血管就是城市里的大街小巷，器官就是一栋栋大楼，细胞就是楼里的一个个房间，而病毒就是来城里打劫的强盗。强盗们遭遇到的第一道屏障就是城墙，也就是我们的皮肤和呼吸道里的黏膜系统。正常情况下，大部分病毒是没办法突破这些屏障的，只有少量能够真正进入我们的身体里。"

关天鹏立刻追问："那强盗进城了，我们的身体该怎么办呢？"

"身体的第二道屏障叫作先天免疫，是咱们与生俱来的本领。当这些病毒强盗在街上逛荡的时候，就会有免疫细胞去消灭它们。如果病毒强盗进入了细胞房间，也会有专门的免疫细胞去把这样的房间拆毁，防止病毒利用细胞来复制自己。只不过啊，先天免疫的效率不是很高，准确性也差了一

点儿。"赛博士遗憾地说。

"我还听说免疫要靠抗体，是这样吗?"刘雪儿问赛博士。

"对，靠抗体实施的免疫叫作获得性免疫，是咱们身体的第三道屏障。如果城里的强盗太多了，先天免疫忙不过来，就得依靠获得性免疫了。只要我们的身体以前出现过这种病毒，免疫系统里就会有专门识别这种病毒的抗体蛋白。它们就像是城市里的警察一样，见到自己认识的强盗就会围上去。如果发现有被强盗占领的房间，就会呼叫专门的清除部队来支援。这就是抗体所起的作用。"

"可是，如果我们身体里的抗体警察不认识病毒可怎么办啊?"张飞腾想到了一个重要的问题。

"这个时候就要靠疫苗啦。"赛博士摸摸张飞腾的头，继续说道，"疫苗的作用就是让我们的身体认识那些会引起可怕疾病的重要病毒。借助疫苗，我们的身体里就会产生专门识别这些病毒的抗体蛋白，保护我们以后都不再受这种病毒的伤害了。"

张飞腾恍然大悟："哦，我懂了，原来疫苗是用来训练免疫系统的，对不对？我以前还以为疫苗也是一种药物呢。"

"其实很多人都有这样的误解。你们要知道，疫苗可不是药物，而是与病毒很接近的东西，可能是病毒的一部分，也可能是死病毒，甚至本身就是活病毒，但是毒力已经大大弱化了。"

"那我们不能靠吃药来对付病毒吗？"刘雪儿疑惑地问道。

"可以是可以。我们都知道，药物对付细菌的效果比较好，比如各种抗生素，一吃就见效。但是药物对付起病毒来，却没那么好的效果了。"赛博士叹了口气，继续说，"一方面，专门对付病毒的药就很少，而且往往只能针对某一种或某几种病毒，应用面很窄。另一方面，药物并不能够杀死病毒，往往只是阻止它们在细胞里复制的过程。所以病毒的清除，最终还是要靠人体自己的免疫系统才行。"

新冠病毒防控依旧法

聊到疫苗和药物，刘雪儿自然想到了自己经历的疫情：

"赛博士，这次的新冠疫情就不能靠药物或疫苗来解决吗？"关天鹏和张飞腾也附和着问。

"同学们，疫苗和药物的研发都需要很长的时间，一般是很难在短短几个月内完成的。就算研发成功了，还需要在动物和人身上做安全性、有效性的临床实验，最终通过审批才能推向市场。这又需要几个月，甚至是几年的时间。"赛博士也感到很无奈。

"那就没别的办法了吗？"关天鹏眉头紧蹙地问。

"其实，即便没有疫苗和药物，仅仅依靠传统的一些防控手段，咱们也能有效地保护自己，保护家人。"赛博士安慰

大家道，"这样吧，咱们先去认识一下新冠病毒。"说完，赛博士调出虚拟界面，很快就有一个巨大的病毒出现在了大家面前。

赛博士指着这个病毒说："看，它就是一个新型冠状病毒。咱们现在还是相对正常状态缩小1000万倍的比例，所以这个100多纳米大小的冠状病毒跟你们的身高差不多。它像流感病毒一样，也是由一层包膜包裹着的，包膜上还插着很多刺突蛋白。这个样子在电镜下观察很像是日冕外围的冠。"

"我知道了！所以它才叫作冠状病毒，对不对？"张飞腾抢着插话。

"对，它的名字就是这么来的。"赛博士大手一挥，更多的冠状病毒出现在了大家身边，"其实冠状病毒很常见，在很多哺乳动物和鸟类身上都有不同种类的冠状病毒。目前已知能够感染人类的冠状病毒一共只有7种，其中4种只会引起普通感冒，剩下3种是会导致严重肺炎的SARS冠状病毒、MERS冠状病毒和COVID-19新型冠状病毒，分别引起了2003年的'非典'疫情、2013年的中东呼吸综合征疫情，以及此次的新冠疫情。"

"好像这些病毒很容易传染，是这样吗，赛博士?"刘雪儿问道。

"这样吧，咱们来做一个实验。首先，咱们得回到正常世界。"赛博士一边说一边在虚拟界面上调整了比例尺。病毒、细胞都迅速缩小，消失不见了。当放大过程结束后，4个人站在了一间实验室里，雪白的地面上画着标注距离的刻度，像一把巨大的尺子一样。

赛博士开口说道："病毒有很多不同的传播途径，其中主要几种是飞沫传播、粪口传播、血液传播、虫媒传播等。新型冠状病毒主要靠飞沫传播，也就是附在人们的唾液里，随着说话或打喷嚏时飞出来的唾沫星进行传播。下面咱们来测试一下飞沫的传播距离。我已经把你们的唾液设定成了不同的颜色。你们站在标尺的零点上说话试试看。"

张飞腾马上跑过去试了试，他的飞沫是蓝色的，落在白色的地面上很显眼。他大声喊了几句话，然后蹲下观察，发现大滴的飞沫都落在一两米以内，中滴的能飞到三四米远，小滴的则飞得更远。关天鹏也试了试，他的绿色飞沫飞的距离稍远一些。刘雪儿是个女生，说话没那么冲，她的紫色飞沫飞得比张飞腾近一些。

接下来，赛博士又让张飞腾和关天鹏面对面站好，间距一臂远，然后说道："咱们再来做个实验。你们两个人现在互相跟对方说话，看看会发生什么情况。"

张飞腾问："说什么啊？"

刘雪儿眼尖，一眼看到已经有蓝色的飞沫落到了关天鹏脸上，于是被逗得哈哈大笑起来。关天鹏抹了一把自己的脸，也发现了问题，于是冲着张飞腾大声嚷嚷起来。这下子，张飞腾的脸上满是绿色的飞沫。刘雪儿这会儿已经笑得

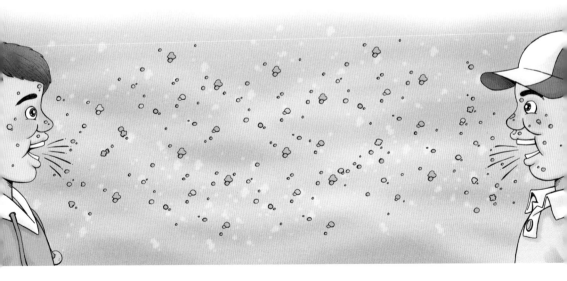

站不直了，弯下腰蹲在了地上。

赛博士怕两个孩子闹别扭，赶紧把他们拉开："你们别着急，都想想看，如果面对面说话时让飞沫跑到了对方脸上，而其中一人又恰好感染了新冠病毒，是不是就有可能把病毒也传给了对方？"

"是的！"张飞腾和关天鹏异口同声地答道。

"那我们该怎么保护自己，保护别人呢？"赛博士问大家。

刘雪儿第一个回答："很简单，戴口罩就行了！"

"答对了！"赛博士欣慰地点点头，"虽然新型冠状病毒容易传播，危害也大，但是只要我们采取一些传统的办法就能做好防控工作。比如减少聚集、出门正确佩戴口罩、无论出门还是在家都要勤洗手。只要做好这些小事，我们就都为新冠疫情的防控工作做出了贡献！"

"明白了！赛博士，我们都会努力的！"3个孩子齐声答道。

"好，那咱们今天的病毒探索之旅就到这儿吧。有机会再见！"赛博士笑着挥挥手，消失不见了。

环保小队成立了

摘下虚拟现实眼镜，回到了现实世界中，3个小科学迷都感觉意犹未尽。

在这趟神奇的病毒探索之旅中，刘雪儿、关天鹏、张飞腾跟着赛博士去了不同的国家，不同的历史时期，甚至深入到了微观世界中与病毒展开了一场恶战。在这个过程中，他们系统地了解了什么是病毒、病毒的发现历程、病毒家族的成员，也初步认识了冠状病毒，并学习了如何阻断传染和保护自己。他们不但出色地完成了老师布置的作业，还准备把自己学到的知识分享给更多的同学们。

与此同时，这趟惊险刺激的病毒探索之旅也加深了3人之间的友谊，让他们对科学的探索兴趣变得更加浓厚了。相同的兴趣爱好，相同的好奇心，相同的冒险精神让他们一拍即合，决定组成一个科学探索小队，并且用每个人名字里最后一个字的拼音首字母拼成了小队的队名——EPT 小队。

搜索之后，3 个人惊喜地发现，这居然就是"环保小队"的英文缩写（Environmental Protection Team）！

探 秘 金 雕

赵序茅/著　宋金东/绘

定位三地鸟巢

在众多猛禽中，金雕堪称王者。这种大型猛禽，体长75厘米到100厘米，体重3千克到6千克，翅展超过2米；头颈上的金色羽毛在阳光下熠熠生辉，犹如一顶高贵的王冠；嘴巴弯而尖锐，眼睛炯炯有神；一双黄色的大脚极为粗壮，趾爪大而强健。无论静还是动，金雕都是威风凛凛，一派王者风范。高空中盘旋，近地面俯冲，飞禽走兽无不闻风丧胆。

金雕处于自然界食物链顶端，在生态系统中占据重要地位，在控制啮齿类动物的数量、维持环境健康和生态平衡方面，作用不可替代。由于数量稀少，我国将金雕列为国家一级重点保护鸟类。

如同武林中的绝顶高手，金雕生活在人迹罕至的深山，

很少出现在人口密集之地。因此不少人只闻其名，从没有见过它的真容，更不了解它究竟怎么生活，主要吃什么。

幸运的是，我加入了鸟类专家马鸣老师的研究团队，踏上了前往新疆探秘金雕之路。

4月份，正是金雕生儿育女的时候。

按照计划，我和我的两个同事张同、丁鹏，一起从乌鲁木齐出发，先去卡拉麦里，之后再去阿拉套山和别珍套山，需要确立3个观测点。

经过奇台魔鬼城和玛瑙滩，我们来到了卡拉麦里的黄羊滩。这里的黄羊，是当地人对活跃在此处的北山羊和鹅喉羚的通俗叫法。听张同说，以前他到这里来的时候，经常会看到北山羊和鹅喉羚。可随着这个地区的开发，如今这里的野生动物越来越少了。北山羊和鹅喉羚都是金雕的食物，食物少了，不知生活在此的金雕会如何应对呢？

在一座看似垂直劈出的红色山崖下，出现了一道山谷，山谷里有条小溪，细细的溪水缓缓地流出山谷后，渗入了宽阔的河床。在山谷的拐弯处，竖立着一座陡峭的崖壁。这样

的环境可谓得天独厚，很少被人类活动干扰，应该是金雕生

儿育女的好地方。

　　果然，在崖壁上一丛灌木旁，我们找到了一个蘑菇状的

大巢。巢大半是由干枯的树枝搭建而成的。为了看清巢内有

什么东西，我们直奔巢对面的山脊。顺着陡峭的山脊向上攀

爬，一直爬到超过巢的高度，从那里探头观察：哇，有一只

金雕趴在巢中，像是在孵卵。可真的有卵吗？

我们又爬下山脊，返身攀上雕巢所在的崖壁。这时是不能靠近雕巢的，正在孵卵的金雕如果受到打扰，会和入侵者玩儿命。我们只能静静地守在远处，等待金雕离开。

等待的时间是那么漫长，虽然眼下刚刚 4 月份，可是卡拉麦里的阳光很毒辣，像有个大火炉在身边烘烤。我们不停地摘下帽子扇风，不停地喝水。

两小时后，巢中的金雕突然站了起来。眼尖的张同先小声喊了起来："有卵！"的确，我们看得真真切切，在金雕身下，卧着一枚白色的卵。只见金雕用爪子把卵翻了个身，然后走到巢边，展翅飞了出去。

漫长的守候没有白费，趁着金雕离巢，我们马上行动，准备对雕卵进行测量。

我和张同负责观察空中金雕的动向，丁鹏沿着设计好的路线，贴着崖壁小心翼翼地爬进巢中采集数据。金雕真是装饰家居的好手，为了让雕宝宝出壳后住得舒适，雕爸雕妈采用了"软包装"——雕巢里垫着一些兽皮、羽毛、碎布料。丁鹏拿出相机，先给卵拍了几张照片，然后取出电子秤小心翼翼地把卵放上，数字显示：148.6克。丁鹏做完这些后，我们迅速离开了雕巢。

在卡拉麦里找到这个金雕巢后，丁鹏留守观察，我和张同继续前往下一站寻找其他金雕的巢。

到了阿拉套山，我俩下车背上行囊徒步前行。经过几千米的行进，我们到达了前一年定位的位置，举着望远镜，在岩壁上细细地搜寻，上看下看左看右看……"在那儿！"张同喊了起来。果真，接近悬崖中央处，坐西朝东，有一处用树枝搭建起来的鸟巢，那正是金雕的巢。

望远镜把雕巢"拉"到我们眼前，巢中有许多新鲜的树枝、干草和一些动物的毛发，巢外有哩哩啦啦的白色粪便。因为巢的颜色和山体极为相近，肉眼很难发现。这让我俩不得不感叹，如此幽静的峡谷，那么隐蔽的巢穴，金雕真是用心良苦啊！正在感叹，忽见一只金雕飞回了巢，一阵不停地翻动，然后卧了下来，也像是在孵卵。

寻找阿拉套山金雕巢的任务顺利完成，像留在卡拉麦里的丁鹏一样，张同要留在这附近观察金雕的活动，而我则要独自上路，去别珍套山寻找金雕巢。

一路山路崎岖，没有车道，只能沿着长长的峡谷徒步前行。

进了山谷，天气正热。我拿起水瓶，刚想喝口水，突然瞥见天空中出现一个黑色的影子。我快速抓起望远镜，镜头中，一只大鸟翅膀后张，尾巴呈扇形。金雕！是金雕！它正围绕附近的山头不停地盘旋，难道那里有它的巢？

我朝着金雕盘旋的山头追过去，顺着下面的崖壁搜索起来。果然，在东面山脊的悬崖上发现了白色的痕迹。借助望远镜，我看到那是一个鸟巢，并可以看到巢中有许多新鲜的树枝、干草以及一些动物的毛发。这个巢的颜色与山体也极为接近，修筑得非常隐蔽。

现在可以确定这是雕巢了吗？我想了想，决定蹲守在附近，等着巢主出现。我的运气非常好，不一会儿巢主就飞回来了。在望远镜中，我看得真真切切，它的确是金雕。

这个雕巢不仅位置选择十分隐蔽，而且建造也是别具匠心，它建在山洞外侧。洞中建巢完全符合雕巢的三大功能：

1. 幼鸟的活动平台。在喂雏阶段，金雕在巢中训练幼鸟的捕食技能，比如雕爸雕妈经常把整只长尾黄鼠带回巢中，让小金雕练习撕食。

2. 保温。雕巢的微气候对于卵的成功孵化和雕宝宝的健康成长很关键。在荒漠地带，当外界的温度下降到0℃以下时，雕巢内的温度仍可以达到18℃～23℃。有人估计，雕巢的保温作用可以为金雕节省40%的能量消耗。

3. 保护作用。繁殖期是鸟儿最容易受到侵害的时期，雕巢为金雕保护卵和雕宝宝提供了有利条件。这就是金雕总是把巢建在高高悬崖上的原因，因为这些地方天敌难以接近。

小金雕出世了

找到 3 个金雕巢之后，我们接下来的工作就是仔细观察金雕的活动，记录它们每天孵卵、外出的时间。等到小金雕出壳后，还要记录它们每天的活动，定期给小金雕测量身体数据。

为了更好地观察和记录，根据马老师之前的记录和最近的观察，我们制订出金雕的行为谱。有了这个行为谱，以后观察、记录就方便了。

刚开始，我们分不清雌雄金雕，仅仅凭感觉，简单地认为待在巢中孵卵的就是雕妈。观察时间长了，尤其是整天面对一对金雕，渐渐地我们就熟悉了它们的一切。丁鹏发现长期待在巢中孵卵的是雕妈，而中午时分，雕妈离巢后替换孵卵的那一只就是雕爸。比起来，雕妈要比雕爸体形略大，也更加凶猛。

通过一段时间的观察，我们发现在整个孵卵期间，雕爸是非常辛苦的。

虽然孵卵工作大部分都由雕妈负责，但雕妈不可能整天都待在巢中，也需要休息和进食。所以每天有一个时间段，雕爸要回巢和雕妈换岗，这个时间段通常是在中午。

此外，雕爸必须保护雕妈在孵卵期间不受外界的打扰。有一次，我们观察发现，有几只黄爪隼闯到雕巢附近活动。雕爸发现后马上进行驱赶。黄爪隼也不是省油的灯，知道自

己在实力上不如金雕，绝不和金雕单打独斗，而是利用群体数量的优势围攻金雕。每当雕爸俯冲过来，它们就利用身体短小的优势灵活转身，躲避攻击。不过，这招并不总能奏效，只要一次躲不过就会致命。几个回合后，黄爪隼识趣地离开了。而雕爸呢，消耗了大量体力不说，因为还要捕猎、护巢，也就放了对手一马，不去追了。

除了每天的换孵和警戒外，雕爸最繁忙的工作就是捕猎。保证食物供给责任重大，雕妈孵卵期间，还有小金雕出壳的前两周，猎物大都是由雕爸捕的。如果赶上一个不负责任的雕爸，雕妈甚至会选择弃巢弃卵，因为仅凭雕妈一己之力，即使把幼鸟孵化出来，也无法将它养大。

雕爸捕到猎物后，会放到巢外专门的地方，换雕妈过来进食。这是因为巢中要孵化雕宝宝，不能有太多的杂物。

1号金雕巢中，雕妈孵化了42天后，小金雕顺利出壳。由于出生在卡拉麦里，我们给它取名卡小金。因为3个观测点中，只有这个雕巢的岩壁没有那么陡峭，所以我们选择对卡小金进行常规的体检。

　　给小金雕做体检是一项非常危险的工作。因为贸然进入雕巢，很容易被在附近巡视的雕爸雕妈发现，并遭到它们的攻击。所以每次给小金雕做体检的时候，都会有一个人在地面把风，另一个人进巢工作，以确保安全。

　　在卡小金成长过程中，我们一共给它做了5次体检。我和丁鹏一起给卡小金做了第一次体检。趁着雕爸雕妈离巢的空隙，丁鹏在下面把风，我快速进巢，给卡小金做了第一次测量。这是我第一次见到金雕宝宝，此时的卡小金全身覆盖着一层白色的绒羽，小嘴黑黑的，蜡膜（角质喙与前头部之间的柔软皮肤）为肉白色，眼已经睁开，发出"叽……叽……"的叫声，腿无力地蜷着，一直趴卧在巢里，体重只有126克。

卡小金15日龄的时候，我协助丁鹏给卡小金做了第二次体检。丁鹏告诉我，3天到15天这段时间，卡小金长得很慢，不过已经可以借助翅膀的支撑，慢慢地移动了。一天中午，我们仔细观察了空中的动静，确定雕爸雕妈不在附近活动后，丁鹏才小心翼翼地进入雕巢。此刻的卡小金全身绒羽已经变成灰白色，比十几天前浓密了许多，初级飞羽已经露头，羽干约1厘米，上面有一道黑褐色的条纹，蜡膜和爪子成了黄色，体重已经1千克。卡小金能摇摇晃晃地站立一会儿，可惜时间不长，大多还是蹲坐在巢里。

卡小金36日龄的时候，我和丁鹏给它做了第三次体检。哈，卡小金的初级飞羽已经有20厘米长，翅膀、尾巴和背部的覆羽基本长全了，体重达3.23千克。它的头、腿和胸前仍然是白色的，腿脚已经很有力，可以在巢中走来走去了。

到48日龄时，卡小金头顶及后部都长出了棕色羽毛，看起来强壮多了，对我们的测量开始强烈反抗，拼命地展开翅膀啄我们。

62日龄时，我们对卡小金进行了最后一次体检。此时它全身披着黑褐色的硬羽，腿上的羽毛呈白色略带褐色，只有头顶是棕黄色的，胸前龙骨突处有一块大大的白色斑块。别看体重变化不大，可卡小金变得更厉害了。初级飞羽已经长到49厘米，能够完成跳跃、振翅等动作了。之后，它胸前和腿部的白色羽毛会逐渐消失，只在展开翅膀时能看见翼下有白色的斑纹。

在阿拉套山2号观测点，小金雕也成功孵化出来了，而且是一巢双雕，真是可喜可贺！那就给它俩取名吧，早3天孵化出的是只小雌雕，取名金歌，后出壳的是雄性，叫金弟。

金歌和金弟身上已经长出白色的绒毛，可以借助翅膀的支撑，在巢中缓缓地移动。这段时间姐弟俩生长得十分缓慢，食量也小。比起来，姐姐要比弟弟强一点儿。

不过，它们没有摊上个好邻居。在雕巢附近有个山鸦群，山鸦们时不时地跑到金雕巢的附近叽叽喳喳地吵闹。每当这时，守护在巢中的雕爸立即出巢驱赶。只见它快速上

升，盘旋到鸦群的上方，充分利用自己的高速度和灵活性，上升、盘旋、俯冲，不断重复着这几个单调却十分有效的动作。随后，雕妈也出巢助战，令战斗场面完全一边倒。原本浩浩荡荡的山鸦群，很快被金雕夫妇冲得七零八落。

在雕巢附近蹲守，通过单筒望远镜，就能看清金歌和金弟的一举一动，我也给它俩制订了行为谱：

△休息：刚出生的雕宝宝把双腿折叠在体下，身体呈水

平姿态，低头、闭眼地趴卧在巢里。稍大点儿后，双腿不完全伸开地坐在巢中。

△张望：当受到外界干扰时，抬头环视周围。初期雕宝宝大多卧在巢里抬头张望，后期变成站立张望。

△抓挠：开始雕宝宝的一条腿站不稳，必须把身体依靠在巢内侧的岩石上，用一侧的脚爪在头、颈以及嘴上抓挠。

△排便：双腿站立，尾部朝外，抬起尾羽。前期由于没有力度，粪便多排在巢外缘，后期就像爸妈一样，可以将粪便完全排出巢外了。

△乞食：看到爸妈飞来，抬头向上伸颈、张嘴并伴随鸣叫。

△啄食：低头上下点动，喙一张一闭地拾起食物，或把头伸到爸妈的嘴里取食。

△撕扯：前期一直由爸妈帮助撕扯食物，后期渐渐独立撕扯食物，姿势和爸妈一样。

△运动：开始走动时身体很难保持平衡，用复趾并借助翅膀缓缓移动，到后期可熟练移动。

△鸣叫：当周围出现异常，雕宝宝感到自己受到威胁

时，抬头平视周围，发出叫声，声音急切、快速，不像乞食时的鸣叫，一般持续时间较短。

············

别珍套山 3 号金雕巢的小家伙也出壳了，我们给这个金雕宝宝取名为金强，意思是希望它能长得很强壮。

金歌金弟一家

在金歌和金弟出壳的一周内，雕妈都在巢中守着。这个时期，雕宝宝的绒羽还不足以抵抗外界的寒冷。尤其是清晨，因此雕妈需要待在巢中，用身体给雕宝宝提供温暖。这一周，都是雕爸独自在捕猎。投到巢里的食物，雕妈会撕碎先喂给雕宝宝吃，剩下的才自己吃。

一周之后，随着雕宝宝羽毛长长，雕妈不用整天待在巢里，也可以出去捕猎了。不过，此时雕爸依旧是捕猎的主力。因为巢中的雕宝宝还没有自我保护的能力，所以雕妈要在巢周围巡视，捕猎还只是副业。

这天，我和前来协助我的张同正在架起单筒望远镜观察巢里的情况。突然，天空中出现了一个黑点，很快飞到雕巢的上空盘旋。起初我以为那是雕爸或雕妈在巡视，可是，巢里的金歌、金弟没有任何反应。以往，只要雕爸雕妈在巢附近出现，无论是巡视还是喂食，巢中的雕宝宝都会发出叽叽的叫声。这太不正常了！

于是，张同继续观察巢中的情况，我把望远镜转向空中。镜头中那只鸟浑身乌黑，翅膀下垂，光秃秃的脖子格外显眼。是秃鹫！这是天山的一种大型猛禽，体形比金雕大得多，翅展超过3米。平时秃鹫以腐肉为食，和金雕在食物上没有冲突。不过金雕捕杀大型动物之后无法全部带走，秃鹫就会过来蹭饭。

只见这只秃鹫在雕巢上空不停地盘旋，既不离开，也不下降，好像在寻找什么。秃鹫是群居的猛禽，它们的生活原则是分开觅食，集体共享。一旦谁发现了食物，会立即把信息传递出去，之后一群秃鹫就会过来分食。

盘旋空中的秃鹫引起了金雕的警觉。育雏时期的金雕领地意识非常强，绝不允许其他鸟类在巢附近活动，即便是几只红嘴山鸦，它都要驱赶，何况是大型的秃鹫。

雕妈很快从后方飞过来，要赶走眼前这只秃鹫。可是秃鹫依旧在天空盘旋，丝毫没有回避的意思。看来战争不可避免。大型猛禽之间的较量，关键在于空中的卡位，也就是占据空中的优势。见雕妈飞过来后，秃鹫立即调整飞行的高度，以保持在空中的优势。雕妈也不甘示弱，双方第一个回合的较量成了空中卡位战。秃鹫翅膀大，获得的空气浮力也大，在首个回合中稍稍占了优势。雕妈始终无法盘旋到秃鹫的上空展开攻击。

于是雕妈改变了进攻策略，它开始调整自己的尾翼，充分利用自己的快速和灵活性绕到秃鹫的后面进行袭击。这招果然奏效，就速度和灵活性而言，秃鹫远远不如金雕。雕妈在后面追赶，秃鹫疲于应对，双方在空中兜起圈子。转了几圈后，秃鹫明显不是对手，只好转身离去。雕妈也没有追赶它，依旧在自己巢的上空巡视。

巢里的金歌、金弟不停地鸣叫，好似在祝贺妈妈的胜利。

　　和人一样，动物也怕淋雨。鸟类除少数水禽外，大多都怕羽毛沾到水，一旦雨水打湿翅膀，它们就无法飞行了。鸟宝宝的抵抗力不如成鸟，一旦淋到雨，更是容易感冒。

　　这一天，大雨瓢泼，越下越大，丝毫没有停的意思。更糟糕的是，雨借风力，转变了方向。不好，巢中的小金雕有麻烦了！在风力的作用下，雨水打进了巢里，金歌和金弟蜷缩的地方也无法幸免。它们将身体蜷缩成一团，寒冷、潮湿、恐惧不断袭来，而天空中时不时滚过的阵阵雷声，将金歌、金弟微弱的叫声淹没了。

　　看，雕妈回来了！它冒着风雨回到了自己的巢中。看到妈妈回来，金歌站起来迎了上去，依偎在妈妈的身旁。雕妈展开翅膀，2米多长的翼展，把金歌和金弟紧紧遮住。雨水顺着雕妈的羽毛流下，雕妈时不时抖一抖身上的雨水。不久后，雨停了，我的视线却模糊了。

　　太阳出来了，雕妈抖抖身上的羽毛，金歌和金弟也学着妈妈的样子，抖抖自己的羽毛。阳光照在巢中，一家三口幸福又温暖。

金歌出壳比金弟早3天，每次雕妈带来食物的时候，金歌总是抢先冲过去，迅速把肉从妈妈嘴里叼走。旁边的金弟也想凑过去，可是金歌总是能把它挤开。只有等金歌吃得差不多了，金弟才有机会进食。

金歌确实比金弟的个头儿大很多，它们也时常闹矛盾，不过不会出现伤害。因为在20日龄之前，它们的运动能力都不强，站都站不稳，没有力气大打出手，所以这些小打小闹不会造成伤害。但是到了金歌28日龄、金弟25日龄那天，悲剧发生了。

一连几天都不见雕爸雕妈送食物过来，巢中的金歌和金弟饿得直叫。然而，它们的叫声并没有唤来父母。此时，金歌恶狠狠地瞪着弟弟，仿佛这一切都是它的错。就这样瞪了好几秒之后，金歌猛地一下扑了过去，用自己尖锐的喙啄弟弟，姿势就和它从雕妈嘴里叼食物一样。看到姐姐如此欺负人，金弟也不甘示弱，先用翅膀支撑着身体站立起来，然后展开翅膀反击。不过，金弟的力气明显无法和姐姐相比。金歌调整角度，瞄准金弟身体的几个部位，从不同的方向发起进攻。面对金歌的强势进攻，金弟只有防守的份儿；再后来，就是可怜地祈求姐姐放自己一马了。可是金歌并没有就此停手，它显然把金弟当成了自己的食物。几分钟后，金弟倒下了。

在缺少食物时，生存的欲望让小金雕选择了同胞相残的杀戮，只有强壮的小金雕才有生存的机会，这是无法逃避的大自然法则。

悲剧接连发生

卡小金已经两个月大了，再过十多天就该离巢了。离巢后的小金雕会飞来飞去，给以后的观察工作增加一定难度。最关键的是，我们无法准确辨认所发现的金雕是否为自己一直观察的那一只。

针对这个难题，国外的科学家想出了一个好办法：给金雕发"身份证"。有了"身份证"，无论它飞到哪里，都容易被识别。我们也准备给卡小金发一个"身份证"。

鸟类的"身份证"大致分为3种：

第一种是环志，就是捕捉野生鸟类后，给它套上人工制作的标有唯一编码的脚环、颈环、翅环、翅旗等标志物，再放归野外，用来搜集研究鸟类的迁徙路线、繁殖、分类数据等。这种方法适合研究大规模迁徙的鸟类，不适合小金雕。

第二种是卫星定位跟踪仪。这种方法虽然好，但是卫星定位跟踪仪的寿命比较短，成本也高，我们也不打算采用。

第三种是微芯片，就是在鸟的体内植入一个米粒大小的电子芯片，里面储存着它的身份信息，比如出生在什么地方、多大年龄、性别、状态等。芯片没有生物活性，对动物的身体发育没有影响，一旦植入体内可以终身携带。我们打算给卡小金植入这种芯片。

我从阿拉套山奔赴卡拉麦里与丁鹏会合，马鸣老师也从乌鲁木齐赶来指导我们。卡小金已经60日龄了，长得越来越像它的爸妈，充满活力。这个时期，卡小金的饭量可大了，它的双亲都忙着捕猎，除了投喂食物外，很少回巢。而卡小金的主要任务就是练习扇翅膀，为自己日后离巢做准备。

马老师和丁鹏进了1号巢，我在下面把风。以前马老师研究猎隼的时候，曾经给小猎隼注射过微芯片，有着丰富的注射经验。可如今的卡小金已经不是只小雏鸟了，面对眼前的两个庞然大物，它可不肯轻易就范。你瞧它，扇动着双翅，爪子又抓又挠。马老师想了个主意，师徒俩来个简单配合：马老师在前面吸引卡小金的注意，丁鹏趁其不备从后面抓住它的翅膀。即使被抓，卡小金也没有放弃抵抗，拼命挣扎，还用喙来啄丁鹏的手。关键时刻，马老师从包里取出一个头套戴在卡小金的头上。片刻间，卡小金就老实了。原来，猛禽主要依靠视觉活动，一旦被遮住双眼，就会变得很安静。

马老师从包中取出早已准备好的注射器，先进行消毒，然后在卡小金胸部上方的皮下位置植入米粒大小的微芯片。微芯片里有ID编号，表明不同的身份特征，每一个编号都代表了许多重要信息，比如卡小金，62日龄，发育良好，注射时间2012年7月19日，地点新疆卡拉麦里，周围是荒漠地带。这样，卡小金便有了自己的"身份证"。

7月22日下午3点，炙热的太阳正以融化一切的姿态俯视着戈壁，远处热浪翻腾，近处的山石熠熠生辉。我们将双筒、单筒望远镜齐齐架起，可一段时间后却没有任何动静。按说卡小金的个头儿已经大到不能挤在巢内了，它会在巢周围的石壁上寻个稍微阴凉的立足之地，怎么不见它的踪影呢？

"不好！"丁鹏大叫一声，"上崖！"我们兵分两路，向1号雕巢靠近。可是，我这边才拾到一个被拦腰截开的矿泉水瓶，就听丁鹏在那边喊："鞋印！"

"糟了，卡小金不见了！"幼鸟不见一般有3种情况：一是幼鸟已经离巢；二是幼鸟因自然原因死掉了；三是幼鸟被盗猎。几天前，卡小金还是好好的，60日龄的幼鸟无论如何也不可能离巢，所以先排除了第一种情况。在食物短缺的时候，幼鸟会被饿死，可是如今卡小金这边食物充足，即便是两三天不吃不喝也不会饿死，因此也不会是第二种情况。

那么，卡小金是被盗猎了吗？

雕巢中出现的鞋印和无故多出的两块石头，引起了丁鹏的注意。周围没有碎石，不会是岩壁崩塌落下来的，很明显有人来过。除了石头和鞋印外没有多余的痕迹，看来盗贼是个惯犯，目标明确，手法干练，早就盯上这个巢了。

"几天前还好好的，怎么说不见就不见了？"丁鹏接受不了这个现实，往日活泼的他一下子沉默了。伤感之余，丁鹏不禁愤怒地质问，"是谁偷走了卡小金？"他发誓，一定要查个水落石出，绝不能让卡小金消失得不明不白。

但我们深知，凭我们师徒几个人的力量，是很难抓到偷盗金雕的人的。我们赶紧将小金雕被偷的事情报告给了当地管理部门，但是一直没有得到卡小金的消息。我们深深感到，只有大家不断提高环保意识，国家继续加大保护野生动物的力量，才能让野生动物安全地生活在野外。

卡小金失踪后，金强出壳已经8周了，正是饭量最大的时候。一连几天，我发现只有一只金雕来给金强投食，从之前的观察可以确定那是雕妈，不知雕爸去哪儿了。

正当我满脑子问号的时候，三夏林场管理员乌龙别克打来电话说，牧羊人莫合塔尔在附近发现了一只死去的金雕。我一脸愕然，难道会是……

我立即赶到距离金强3号巢约5000米的现场，见到了死去的金雕，果然是金强的爸爸。它的一个小脚趾受过伤，留有痕迹，很好识别。怪不得一连几天只见到雕妈给金强投食，原来雕爸已经命归西天。我小心翼翼地翻开金雕的身体，仔细检查，没有外伤，不是猎杀。我把金雕的尸体包好，带回乌鲁木齐进行检查。我一边焦急地等待检查结果，一边挂念着金强母子，只恨分身乏术。

5天后，尸检结果出来了，在金雕的胃内检验出了砒霜，这是一种剧毒物质。哪里来的砒霜？砒霜是当地牧民常用的一种老鼠药，投放在草原上灭鼠。中毒的黄鼠如果没有立即死亡，被金雕捕捉到吃掉，金雕就会被毒死。看来，金强的爸爸很可能就是这样中毒死掉的。

失去父亲的金强能生存下来吗?

我从乌鲁木齐直奔回巢区,架起望远镜对准3号巢。还好,金强还在。没过多久,雕妈叼来一只长尾黄鼠,饥肠辘辘的金强立即扑过去抢夺食物。雕妈一刻也没有停留,扔下食物就飞走了。谁也没想到,这竟然是金强最后的晚餐。

第二天天一亮,我就赶去看金强。只见它正站在巢外缘的岩石上，眼巴巴地向空中张望，不停地鸣叫。要知道，雕宝宝只有在受到惊吓或饥饿的时候才会鸣叫。以往，只要雕宝宝持续鸣叫，不久就会看到雕爸或是雕妈赶回来，不是带回食物，就是在上空盘旋几圈。可是这回我整整蹲守了一天，既没有看到雕妈回来投食，也没有看到它在附近巡视。

可能是自己去得晚走得早，没有赶上雕妈投食？第三天，天才微亮，我就赶到了雕巢附近。此刻，金强还在巢中睡觉。我把视线转向空中，除了附近活动的几只乌鸦和岩鸽，没有金强妈妈的踪影。它或许去捕猎了吧？我猜测。不一会儿，太阳出来了，金强醒了。它站起来，在巢中来回走了几趟，之后又卧下，好似没睡醒，要补个觉。

我再次把视线转向空中，依旧不见金强妈妈出现。这太不正常了！以往雕妈即使不回来投食，也会巡视几趟。中午，养了一上午的精神，金强开始活跃了，站起来扇了扇翅膀，来回走了几圈，然后站在巢外缘的岩石上开始鸣叫，这是乞食的叫声。幼鸟乞食一般也就叫个十几分钟，而金强这次断断续续叫了一个小时才停下来。

金强趴下休息了不到40分钟，又开始了长时间鸣叫。可是直到太阳西下，它的妈妈也没有回来。

我坚持着，非要等到雕妈回来。可直到夜幕降临，它也没有出现，看来今天金强又得挨饿了。

第四天，我依旧一早赶来，情况依然如此，任凭金强百般呼叫，雕妈始终没有出现。一连三天，我在3号巢附近从早守到晚，金强一口东西也没吃过。

到了第六天，金强连叫的力气都没有了。我把这个情况报告给马老师，想人工给金强的巢中投放些食物。可是这个想法有太多的不现实，3号巢建筑在悬崖洞口处，常人根本无法攀爬上去。最关键的是，我们无法确定雕妈的情况，如果贸然喂食，会干扰金强的成长。

到了第七天，我发现巢中的金强不见了。它还远没到离巢的时候，羽毛没长全，还不具备飞行能力，能去哪里呢？

我抱有一线希望，希望金强就卧在巢里。可我爬到雕巢对面的山上，发现巢里空空如也。我心中有了一种不祥的预感。

从山上下来，我又到悬崖的下方寻找，结果发现了一些零散的羽毛，那是金雕的。不用说，金强遇害了。到底发生了什么事，已无从知晓。最可能的情况是，饥饿的金强爬到巢外寻找食物，遭遇食肉动物，被吃掉了。

小金雕展翅高飞

3个巢里的小金雕，卡小金被盗，金弟被姐姐所杀，金强死于非命，让人心痛不已。我忍住伤心，去往张同那里，把所有的希望都寄托在金歌身上。

转眼70多天过去了，金歌离巢的日子就要到了。在即将离巢的这段时间，金歌除了吃饭和睡觉，最重要的事情就是练习飞行。练飞可不是容易的事，需要一个循序渐进的过程，大致分为以下几个阶段：

　　第一阶段是练习扇翅膀。刚开始，小金雕一次只能扇个三五下，幅度很小，往后次数不断增加。等到快出巢的时候，一次就能扇30下～50下，持续5分钟～10分钟。

　　第二阶段是挥翅跳跃。小金雕先是张开翅膀往前跑，进而练习挥翅跳跃。从一小步开始，渐渐地增加距离，最后能从巢的一端跳到另一端，跨度2米左右。

　　第三阶段是单腿站立。这个动作和飞行没有太大的关系，却是日后小金雕必须掌握的生存技能。离巢后的小金雕，不能再像小时候那样，动不动就在巢里卧下休息，而是要靠两腿轮换站立来保持体力，因此必须学会单腿站立。而且单腿站立对于保持身体平衡和日后的捕猎，也有很大帮助。一开始，金歌只能在巢中摇摇晃晃单腿站几秒，渐渐时间不断加长，最后能单腿站在巢外缘十几分钟了。

　　再往后的练习就不分阶段了，所有的动作每天都要交替练习。练飞不仅辛苦还很危险，一不小心掉到巢外面，后果不堪设想。

　　金歌在努力练习飞行的本领，雕爸雕妈也在为给孩子提供充足的食物而忙碌着。根据张同的观察，雕爸雕妈平均每天要投食很多次，食物主要是长尾黄鼠和旱獭。

一天，一切像往常一样，一大早金歌就站在巢中。太阳逐渐升高，快到10点的时候，它不停地展翅、扇翅，这是这段时间每天的例行训练，没啥特别的，只是力度、频率和持续时间都比平日有所提高。不知是枯燥重复的训练无法满足运动的刺激，还是扇翅的时候不小心用力过猛，金歌突然从巢里跳到巢外2米远的石台上。虽然只有2米，但这却是金歌第一次离开巢，看来距离它真正离巢的时刻已经不远了。

为了确保对金歌离巢后的准确跟踪、定位，避免类似卡小金的悲剧重演，我们商量后决定使用一种新的设备——无线电追踪器。简单说，就是在小金雕腿上绑一个小型无线电发射器，我们则利用手持接收器，可在5000米范围内接收到小金雕身上的无线电发射器传来的信号。

无线电发射器很轻，只有20克，戴在小金雕腿上，完全不影响它的生活。可就这样，金歌也不肯接受。为了给它戴上这个发射器，我们可是煞费苦心。

此时的金歌已经两个多月大了，它脱掉了"婴儿服"，换上了新装，头、肩、背已经长满了棕黑色的羽毛，只有胸部和腿部还留有大片白色的绒羽。

看到有人上山，金歌起初没有在意，只是忙着梳理自己的羽毛。当张同离巢还有2米远的时候，金歌感到了威胁，突然站立起来，张开翅膀准备迎敌。张同的一只脚刚踏进巢中，金歌就开始有力地伸展和扇动翅膀。看来小家伙长大了还真不好对付呢。

怎么办？我和张同决定分工：张同继续吸引它的注意；我呢，绕到巢后，从金歌背后"偷袭"。金歌果然上当了，它只顾迎战张同，不曾想背后突然伸出一双大手，抓住了它的翅膀。金歌腿爪不停地蹬抓，力量虽然很大。可惜我站在它身后，对我没有实质性的威胁。

就在我暗自庆幸大功即将告成时，金歌忽然使了个回马枪，抬起头，转过来猛叼我的手。我猝不及防，被它叼在手套上，明显感到了疼痛。嗯，小家伙长本事了！此刻，张同掏出了秘密武器——眼罩。效果立竿见影，戴上眼罩的金歌立马安静了下来。

张同趁机给金歌绑上带有无线电发射器的脚环，顺便给它称了称体重，3.3千克，接近成年金雕了！

　　眼前的金歌各项发育指标良好，腿上的毛长全了，翅膀上的白斑也在褪去。我们知道，小家伙该飞向天空了。

　　金歌的练飞还在有条不紊地进行着，扇翅膀，挥翅跳跃，单腿站立。我们盼了一天又一天，想看到它飞出雕巢的那一刻。几次看到小家伙跃跃欲试的样子，可惜始终它都没有迈出关键的一步。金歌为何这么留恋自己的巢？

　　我们分析，与另外两个雕巢不同，金歌的家太舒适了，所以它没有马上离开的迫切感；再一个，也可能是前期受到我们入巢的干扰，它有点儿害怕面对外面的世界。

　　我们开始为金歌着急了。不过，比我们更着急的还是它的爸爸妈妈。接下来几天发生的事情，说明雕爸雕妈不仅着急，而且已经开始采取行动了。连续两天，雕爸雕妈都没有来喂食。

　　雕爸雕妈双双健在，食物也充足，却对小金雕停止喂食，看来只有一种可能——它们想用这种手段迫使金歌离巢。这种情况持续了两天，任凭金歌百般呼喊，爸妈就是不来喂食；但它们每天都会来巡视两三次，似乎想看看自己不争气的孩子有没有离家的打算。尽管家是那么安逸舒适，但填不饱肚子也没有办法。父母是指望不上了，唯一的出路就是离开。第三天，金歌一反常态，不再拼命地叫喊，而是站在巢外的岩石上四处张望，然后大幅度地挥翅跳跃，从巢的一侧飞到另一侧。有好几次，金歌似乎都要飞出去了，可最后却又退了回来。但这一次，它不是在退缩，而是在等待。

雕爸雕妈像往常一样飞过来巡视，不同的是这次落在了雕巢对面的山坡上。看到爸妈飞来，金歌更加活跃了，它挥动着翅膀跳到了巢外缘的岩石上停了下来。爸妈没有马上离开，好像在等待什么。随着气温不断升高，我们期待已久的时刻终于来了。对面山坡上的雕爸雕妈突然张开了翅膀，紧接着，站在雕巢外缘的金歌往前伸了伸脖子，展翅，扇翅，双脚后蹬，飞了！飞了！终于飞了！它飞到了对面的山坡上，飞到了妈妈身边。就这样，金歌终于离开了温暖的家。

金歌离巢后，继续观察就需要四处寻找了。这段时间，它依然不具备独立生存的能力，还是由爸妈来喂食。雕爸雕妈除了继续照顾金歌外，更重要的任务就是教给它独立生存的本领。

首先是学习飞行的技巧。虽然金歌能飞离雕巢了，但距离真正掌握飞行技巧还差得很远。它先要学习如何利用上升气流盘旋，如何在空中调整身体以及掌控飞行速度和方向。一个月后，我们发现金歌已经学会利用小范围的上升气流往返盘旋了。它的翼展已经达到2米，飞翔时以两翅为桨，以尾为舵，两脚缩起伸向尾下，身体的重心在翅膀下面，十分稳定。飞行时，腰部的白色明显可见，尾巴长而圆，两翼呈浅V形。翱翔时，双翅自然展开，起到平衡和掌舵的作用。降落时，它会展开像制动器一样的翅膀和尾羽，在半空中减速，然后轻轻落下。

初步掌握了这些飞行技巧后，金歌开始学习最难也是最重要的一项本领——俯冲。俯冲不仅难学，还非常危险，尤其是捕捉猎物时用到的低空俯冲，掌握不好极容易撞上地面或山崖。俯冲需要利用自身重力来加速，调整身体，保持平衡。在掌握这项技术后，金歌的空中飞行技术就基本学完了，接下来就是实战了。

雕妈给孩子上的第一堂实战课是空中投食。离巢后的金歌还不会捕猎，仍然靠爸妈来喂食。可这次雕妈没有把食物——一只长尾黄鼠直接扔到金歌身边，而是把它扔在附近的山坡上。而且那只黄鼠也只是被抓伤，并没有死，还有一定的活动能力。饥饿的金歌看到食物被扔下去后，便急切地扇着翅膀冲了过去。那只身负重伤的长尾黄鼠拼命想挣扎逃跑，只要还有一口气，它就不会失去求生的欲望。到嘴的食物岂能让它溜走！金歌扇动着翅膀腾空而起，向前一跃，猛地抓住了逃跑中的黄鼠。虽然不是真正的实战，但金歌毕竟完成了自己的第一次捕猎。此后，它还要学习如何在高空盘旋时发现猎物，而后快速俯冲进行捕食。

在金歌离巢后的3个月内，我们发现它的活动区域在一点儿一点儿远离自己的雕巢。一个月之后离巢1000米，两个月之后离巢3000米……到了3个月的时候，我们停留在以前的观测点的话，就无法接收到金歌身上的无线电发射器发射的信号了。因为我们用的无线电设备，可以接收5000米距离内发射的信号，这说明金歌的活动范围已经超过了5000米。

经过不懈地追踪搜索，我们终于在3号巢西侧7000米的山头上接收到来自金歌的信号。

山头附近有一条小溪，转弯处是一片开阔的草场。突然，一只大白鹭不知为何一下子飞了起来，显出一副惊慌失措的样子。我以前从未见过这种情景，因为大白鹭的动作永远是那么优雅，即使起飞也是不紧不慢的。

一定有情况！我立即放下相机，抓起望远镜。天哪，大白鹭身后的上空竟然出现了一只金雕！大白鹭努力振翅，拼命地往前飞，几乎达到了体能的极限。身后的金雕却穷追不

舍，近了，更近了！我简直不敢直视眼前的场景。还差50米，金雕一个俯冲，从高空斜插下来，直奔大白鹭冲了过来。接着，它猛地一扇翅膀，狠狠地拍在大白鹭头上。这猛然一击震晕了大白鹭，它的身体开始急速下坠。金雕再次调整飞行姿态俯冲过去，还没等大白鹭落地，就用锋利的爪子把大白鹭死死地抓住。整个过程不足10秒，直看得我目瞪口呆，许久没有回过神来。

如果不是看到手中无线电接收器上准确的信号，我还真不敢确定这只捕猎大白鹭的金雕竟然就是金歌！看来它已经掌握了飞行和捕猎的技巧，接下来就该远走高飞，寻找自己的领地，独自闯荡世界了！

走进童话岛

刘先平/著　杜晓西/绘

鲣鸟和水芫花

　　东岛有美誉：童话岛。

　　西沙人都说东岛有三宝：水芫花、鲣鸟、野牛。水芫花是珍稀植物，据说海南的文昌市只有几棵，再是台湾有。要想看美丽的鲣鸟，也请到东岛，因为东岛是我国鲣鸟唯一的自然保护区。野牛不吃草就更稀奇了，要看不吃草的野牛，也只有到东岛。

东岛离永兴岛并不远，在永兴岛东面，也就一个多小时的海程。但要上东岛，那还要看缘分。

6月，等了好几天，大风才停息。清早我们兴高采烈地登上了巡逻艇。

四周真是天蓝蓝、海蓝蓝。出港不久，我就发现海蓝蓝中有着不同的景象，远处的蓝色中泛着黑色，这里、那里都是深一块，浅一块的蓝。最为奇妙的是有片海域很亮，似是阳光集束投射。再看天上，没有一丝云。

巡逻艇刚过了七连屿，蓝天中，一群群美丽的红脚鲣鸟已飞来迎接，雪白的羽毛，蓝色的面孔，红红的脚，不紧不慢扇动的翅膀——飘逸、潇洒。

到了东岛，第一感觉就是进入了热带森林，到处都是椰树、抗风桐、榄仁树、羊角树、银毛树、肥大的香蕉和攀缘在树上的藤本植物。高大、茂密，很难见到一块空地。

从卫星拍摄的照片看：东岛有几重颜色，外围形如太极图中的鱼，靛青中泛红，还有霞霓的光晕，再是蓝、绿、

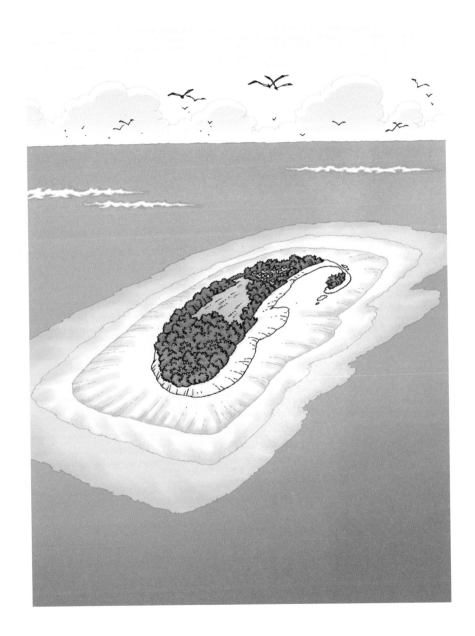

白……以此判断，礁盘很大，白色的是沙，围起的岛像个梯形，是上升礁和珊瑚、贝壳屑及沙体复合组成。东岛是西沙第二大岛，面积约1.6平方千米。

刚放下行李，我们就迫不及待地准备去林中探秘。陪同我们并为我们做向导的，是驻守在岛上的两个年轻战士："鸟博士"小李和小吉。

出了营房，就进入了森林。林中小路像绿色的隧道，只有从树冠筛下的丝丝缕缕的阳光洒落在上面。小鸟不时掠过，留下几声嘀啾。蝴蝶绕前绕后，翩翩起舞。

视野豁然开朗：高大的抗风桐，灰色的粗壮树干，短粗、圆润的密密麻麻的树枝。怪！树冠光秃，没有一片绿叶。雪白的鲣鸟嘎嘎叫着，或三五栖在树枝上，或小群盘旋在空中。

鸟博士一定是看到我满脸的惊诧："虫灾。树叶都被虫吃掉了。我们正在采取措施，消灭害虫。别担心，新叶很快会长出来。"说着，小李指了近处的一棵树，"您看，新叶已经长出来了。热带的树，几场雨一下，呼呼长！再说，这下面鸟粪层厚，别看是沙土，肥着哩！"

"鲣鸟不吃虫吗?"

"不吃。岛上多是水鸟,水鸟不吃树上的虫。"

"只吃海鲜?口味挺高嘛!"

小李笑了。

"每年都有虫灾,还是今年特别?"我又问。

"都有,今年严重一些。"

"树死了。鲣鸟不就没有了栖息地?"

"每年到这时节,虫害就会发生。但没多久,新叶又都郁郁葱葱长起来了。好像还没见到哪棵树是被虫吃死的,很有点儿像非洲大草原,每年要经过一次雷击火,大火烧死了一些植物、动物,可不久又是一个繁荣的生命世界。真有些'野火烧不尽,春风吹又生'的味道。"

"你是不是想说,虫在结茧成蛹时,新叶又长出,它们之间有着某种关系。"

"能找出这种关系不是很有意思吗?"小李的眼睛很明亮,"也许是我瞎想。您看,林中地面上原来很少有草,抗风桐叶子被虫吃了,阳光能照到地上,林中的草就长起来了。粗壮的草茎成了鲣鸟筑巢的材料。不然的话,这个小岛上生活着10万只鲣鸟，它们筑巢的建材就成了大问题，哪有那么多的枯枝?"他笑得也很灿烂。

"你的意思是不是想说，这种虫害不一定要全部消灭。只要控制得当，它在这个生物圈中还起着一定的积极作用?"

小李只是憨憨厚厚地笑着。

"真是奇怪。这边羊角树的树叶长得碧绿、茂盛，也许能认为这种虫不吃灌木的叶子。可那边的土枇杷和抗风桐一样，都是乔木，它的树叶也没被虫吃嘛!有意思，一种只吃抗风桐叶子的虫，难道真和抗风桐有什么特殊的关系?昆虫和植物之间的关系本来就很奇妙。"和我一起来东岛的李老师又有了新的发现。

"您说的确实是个很有意义的研究课题。当然，在岛上，除了虫和鲣鸟，还有一位角儿（意指重要角色）和抗风桐有着特殊的关系。"小李说。

"是植物还是动物?"李老师更加好奇了。

"以后会有机会见到的。两位老师观察很细致，一定能发现。发现是种快乐嘛。"小李卖了个关子。

我又问："你知道这虫的名字吗?"

"标本已送到海南大学去鉴定了。"

我想，这真是一个特殊的生物圈，仅从几个物种的表现，还难以下结论，但仅仅如此，已是非常有意思了。

没走十几步，仿佛换了个视角，林间突然有了新奇的变化。

"鸟巢！"李老师惊喜地喊道。

是的，一片茂密的抗风桐林，中间是大树，两边树冠自然地、均匀地披下，俨然是披顶，圆润的树枝犹如线条错综、勾勒。

树上是一群群的雪白的鸟儿，或窃窃私语、或相互梳

理羽毛、或筑巢、或求偶、或孵蛋、或展翅在树冠上空盘旋……

"真像北京奥运会场馆——鸟巢！嗨！大自然的杰作，那位设计大师没准儿是受到它启发的吧？"李老师端起照相机，很快又掏出摄像机，忙得不亦乐乎。

发现的快乐是无法比拟的。我们正是迷恋于发现，才乐于在大自然中跋涉。大自然总是引导人们热爱生活，为生活注入新鲜灵动，使每天都是崭新的一页。

大家流连于新的发现。我却看了看手表，不得不催促他们前行。

沿着林缘到了东海岸，之间有着一片不过二三十米的草地。海边的灌木羊角树绿叶上泛着银色。

一座小庙立在海角，外形是只大瓶，中间供了一位女神——观音菩萨。那瓶应是盛满吉祥幸福的甘露了！

这里的海岸是礁石垒起的平台，与沙堤大不相同。

东南海岸边，铺着墨绿的灌木丛。叶小，无柄，树枝带着红色。

"这就是水芫花！"

　　这不起眼儿的小灌木，就是大名鼎鼎的水芫花？转而一想也就认同了，植物也是物以稀为贵啊！

　　"怎么这边开的是黄花，那边开的是白花？"李老师又问。

　　战士小吉回答说："它俩常长在一起，开白花的是水芫花，开黄花的是另一种植物。"

　　我仔细看过去，水芫花不大，虽是单瓣的，但洁白无瑕。因为花形如荷莲，难怪渔民们叫它海芙蓉。

　　从这里可清楚地看到，那片抗风桐树林占有全岛三分之一的面积。

"岛上10万只鲣鸟，都集中在这里栖息？"我问道。

"密度很高。过去永兴岛也有鲣鸟，但随着人口的增加、植被的减少，20世纪50年代就没有了。东岛的鲣鸟，是西太平洋最大的群体，数量占全世界的十分之一。再不保护好，后人也许就看不到了。"鸟博士的话音有些低沉。

眼前这片草地，称为大草坪。再往前，深草中闪着水光，几十只小型海鸟正忙碌啄食。从地形判断，应是潟湖的遗存。

小李证实，它确是潟湖，只是保护得较好，植物才这样茂盛。

突然间，一阵"嗒嗒嗒"像敲竹板的声音引起了我们的注意，循声看去：只见林中树上有一只黑色的大鸟，胸前抱起了巨大的嗉囊，鲜红鲜红的，像个大气球。

"军舰鸟！这是雄鸟正在求偶呢。东岛的鸟类很多，有几十种。也只有在东岛才能看到它。"

"这就是凶狠的强盗鸟？岛上一共有多少只？"

"群体数量不大，也就二三十只。可是你们能想到吗，它们居然和鲣鸟在这里成了邻居，而且相安无事？我们可是

亲眼看到它们在海上凶狠地从鲣鸟嘴中抢食，鲣鸟根本不是对手。"

动物之间有很奇怪的关系。在海上你死我活地争夺食物，筑巢时却紧紧相邻。这真的是非常奇妙啊。

转了一圈，我有了大致的印象：岛不大，在森林中和林缘地带，却有着草地、水塘、灌木丛……生境多样，物种也就丰富了……

"野牛呢？怎么没看到野牛？"李老师有些心急。

"野牛都隐匿在林子的深处，而且林子很难进得去。能不能看到野牛，要看你们的运气了。"

我对李老师使了个眼色，她也就不再问了。关于在这个孤零零的海岛中野牛的来源，当地有着多种版本：一说是汉代伏波将军巡视南海放养的；另一说是清代海军将领李准自荐在岛上放牧时留下的。我则相信是早年间渔民带到岛上的。不管哪种版本正确，反正至今野牛还生活在东岛的这片森林中。

寻 找 野 牛

下午2点，我和李老师悄悄溜了出来，去寻找野牛的行踪。一出空调房间，立即像是走进了蒸笼，热浪翻滚。

"您仔细看准目标区了？"李老师问。

"只管跟着走好了。"

在野外考察，到了目的地，我们常常甩掉向导单独行动，这可以最大程度满足发现的快乐。虽然常常也吃尽了苦头，但死不悔改。

当然这一次也有抓紧时间的成分。西沙的天气变幻无常，在野外，很多机会是可遇而不可求的。

"您抓到线索了？"

"只能说是有了一些影子。"

"野牛一定是隐藏在海岛的核心区。那里的林子钻不进去。勉强进去，我们没带长袖衣服，也没戴帽子。"李老师有些担心。

"谁说要进森林腹地？"

出了林子，也就快到海边了。我把大致想法说了一下，要李老师和我保持一定的距离：

"这里刚好有片草地，我们沿着林缘走，尽量利用树木、地形隐蔽。千万别往树上看鲣鸟。惊动了它们，那就太不幸了！"

早已浑身汗透，林缘地带的小树、杂草也很不友好，总是抓你一下，扯你一下，手臂上很快出现了几条血痕。

鸟儿们在树上飞起落下，不时响起"吧嗒""嘎咕"声，凭着经验，已能分清军舰鸟或是鲣鸟的叫声。但还有一种"咕咕"声，不知是谁发出的？或许是雏鸟向妈妈乞食的叫声吧？心中不断涌起抬头看一眼的欲望，但若是惊动了鸟儿，那探秘行动只能是失败。既然鲣鸟、军舰鸟和野牛长期共同生活，它们之间一定有着默契。

走了很长时间，仍然没有发现野牛。

李老师有些焦躁，小声说：

"不是说这儿的野牛不吃草吗？那它吃什么？在草地上能找到？"

"它肯定不喜欢海鲜。密林中一定比林缘这边热。牛也怕热。我小时候放牛，一到中午它们就往水塘挣。"说到这儿，我信心满满，随后指给她看左边的一丛草下的土。

"是牛的蹄印？"

"还能是海龟的？"

她刚要张口，我立即做了个噤声的手势，弯腰迅速向前走去。很好，离林缘四五米的地方刚好有丛小灌木。

李老师跟上来，伏在身边。我指了指前面四五十米远的地方。

她看了一会儿："不就是几只鲣鸟吗？对，还有另外两种鸟。"

"鲣鸟一般不下地，难道它们落到地上是要开会？耐心

点儿。不寻常的举动，总是有原因的。"

"白鹭！还有白鹭哩……对，在湖北石首、江苏大丰麋鹿自然保护区，都能看到它们在麋鹿、牛的背上啄食寄生虫……"

前面立起一片树林，像一道绿色的墙。我正在打量该往哪边探寻时，右边的树林中有了动静。

啊！一群野牛走出来了。身上毛色酱黄、橘黄、浅黄不一。个头儿都不大，很像北方的牛，犄角短粗。毛色浅的，显然是牛犊。牛群中，成年、亚成年，雄性的、雌性的。有20来头，各个体格健壮。看来，是一群野生状态下强壮的自然群体。

　　那头小牛犊拱到妈妈肚下喝奶，还不时尥起蹄子，踢着小伙伴。

　　有两头牛把嘴伸向抗风桐……什么？这是真的，它们用舌头卷起树叶，大口大口吃起来。

　　"原来是吃树叶？"

　　"没错，就是抗风桐树的叶子！"

　　"真怪！好像只有童话中才有，牛不吃草。"

　　"这里是个特殊的生物圈，只有

从这一点出发，才能观察、理解这个生物圈的特点。"

周围的抗风桐树冠也是光秃秃的，但在树干下端，离地一两米的地方生出了新枝新叶。

李老师举起照相机，但却没有按下快门。下午出来我们没带笨重的变焦镜头，距离显然是远了。

还未来得及制止，李老师已猫着腰向前靠近。我心想，要坏事了……

空中突然传来一声鸟鸣——这个可恶的哨兵！

只见那头肩胛高耸、毛色油亮、体形最大的野牛抬起了头，四处张望了一下，停住了脚步。它肯定是这个群体的头领：牛王。

李老师又趁机往前靠近，急得我差点儿喊出了声。真是个自以为是的家伙，你以为你是谁？这么多年在野外考察白跑啦！最起码要等它们情绪稍稍安定些吧！

还好，原先落在草地上的鸟儿还没动，只是瞪圆了警惕的眼睛。但它们马上会有行动的。

我也管不了那么多，边往前靠边用卡片照相机拍照。

聚集在地下的白鹭飞起来了。那头最为强健、高耸肩胛的牛王率领牛群撤向右边的林子，不一会儿就消失了。

我快步走向李老师，她突然向我做了个停步的手势。

奇迹出现了。在她的左前方不远处，那头公牛又领着家族成员回来了。虽然走得很慢，正巧是在拍照比较好的位置上。可没等我们拍几张。白鹭的叫声响成了一片，接着只见白花花一片飞到了牛群的上空。牛群撒开蹄子跑起来，顷刻间又无影无踪了……

"李老师，拍过瘾了吧?"

正在这时，树林中一左一右走出了小吉和小李，小吉正端着摄像机向牛群遁逃的方向摄录。原来是他们将牛又赶了回来。

李老师埋头查看相机上的回放屏。我却是又高兴又有些沮丧——时间太短了，只能算是和野牛匆匆打了个照面。它们自在的生活场景却一点儿都没看到。

"拍到了，有两张还可以。"李老师可不管我的感受!

小李看了她拍的照片，大加赞扬：能看到野牛已是不容易了，更别说还拍到了! 或许还有机会能拍到更好的。

李老师受到了鼓励，忙不迭地问："难道说你们能掐会算，不然怎么会找到这里?"

小吉说："一看你们房间里没人，小李就说你们肯定是到这里寻找野牛了。他说见到刘老师在这里发现了野牛蹄印，还说你们上午对这边的环境看了又看。侦察可是他长项啊！"

"你们也看到野牛了？"

"是小李发现的。沾你们的福气，我来东岛还是头一次看到它。想要它接见，还真难啦！"

小李只是憨憨地笑着，递过来两瓶水，很有神采的目光在我俩脸上扫瞄。

我问他："这个牛群蓬蓬勃勃，岛上还有更大的群体吧？"

"有三四十头一群的，一共8群，总数在326头左右。当年，我们发现野牛的个体愈来愈小，有位来考察的老师说是近亲繁殖引起的退化。于是我们又从海南运来了经过严格检疫的种牛，这才帮助牛群逐渐兴旺起来，发展到今天的规模。"

"它们专吃树叶不吃草，是不是因为草太少了？除了抗风桐的叶子，其他树叶它们吃不吃？"

"没看到过。抗风桐的树叶大、厚，水分多，树干下不断长出新叶。要不然，野牛脖子绝对不像长颈鹿，能够到树冠上的叶子。"

我问："抗风桐新叶生长的速度，跟得上野牛的需求吗？"

"开头，我们只是一个劲儿保护，野牛多了，对抗风桐就产生了威胁。小树苗都被吃掉了，于是渐渐抗风桐少了，鲣鸟、军舰鸟就失去了栖息地……慢慢生物链出现了问题。"他接着又说，"经过多年的观察统计，我认为岛上野牛数应该控制在256头左右。到了300头，就达到了极限。超过这个极限，生态环境立即显示失衡。"

李老师听到这里，很激动："你不仅是鸟博士，还是真正的生态学博士。东岛具有刻意挑选都难选到的生物圈，很少有外界干扰，驻守的官兵都有较高的生态道德修养。如何保护这个生物圈的生态平衡，相当于博士生的研究课题。把你的观察和体会写出来，这对构建人与自然和谐，也有很大的意义。让刘老师给你推荐。"

小李涨红了脸——是不好意思，还是内心激动？李老师的话一定是触及到了他的内心。

"我是一名战士，首先要完成战士的职责。不过，领导很支持，有求必应。其实两者是统一的，守卫海疆，更是守卫海洋生态，守卫海岛生态。我们就应该成为一支具有高素质的生态部队。保家卫国，不就是要建设一个美丽的家园，让人们幸福生活吗?"

我突然想起:"岛上的几个牛群之间能相安无事?"

"总的说来野牛是个大的群体,大群体中有家族式的小群体。营群性的动物,总是分等级维持内部的统一。只有到了繁殖季节,才有争夺配偶的打斗。"

"你见过吗?"

"林子大,就像在围墙外看球赛,只听到野牛的吼叫声,角的碰撞声,蹄子敲击大地像擂鼓一样。我们不敢接近。我老家在重庆乡村,看过公牛打架的凶狠,一角能把对手肠子挑出来。不过,我事后悄悄去看过,没发现有死伤的。"

我又想起一个问题,刚要张口,小李却先说了:

"你是想说它们的饮水问题?野牛自己解决了。像现在的雨季,水塘里有水,虽然有咸味,野牛还是喝的。到了干季,水塘干涸了。我们曾经商量要不要造个水池投放淡水,谁知有天晚上,巡逻队的战士看到它们在海边喝海水。奇怪吧?后来想想,农村喂牛常加点儿盐,对呀,牛也是需要矿物质的。当然,家牛是绝对不喝海水的。这很可能也是这些野牛专吃水分多的抗风桐树叶的原因之一。是它们对环境的适应，也是对环境的选择吧！"

为了生存，生命对环境的适应是惊人的。

螃 蟹 上 树

傍晚正在海边漫步，观赏海面上架起的彩虹，突然一阵暴雨袭来，慌得大家急跑。到了房间，还未来得及换衣服，李老师举起手里的一个小螺向我炫耀。我说：

"不就是一只小螺吗？灰不溜秋的。"

她将螺口对着我："看看，你见过这样的螺吗？"

真的，那螺里
竟然是一只蟹——
红的，点缀着无
数的小白点，蜷缩
着——像潜伏的花
斑豹。

我一把夺了过来:"寄居蟹!只听说过,还是第一次亲眼见到。你还真是个大发现家!"

小李说,这得感谢大雨,不然它不会爬到路上。

李老师又说:"看它怪惹人怜的。螺壳小了,也只好委屈在那里。"

小李笑了:"这是由于受惊吓才躲在那里。平时它才不委屈自己哩,随着身体长大,会不断选择适合的螺壳。可以说,螺壳就是它的防御工事,但它不去建造,只是在海边捡现成的。但有些螺却能吃掉螃蟹的……没错!要不是刘老师看到,跟我讲,说什么我也不信海螺能吃掉螃蟹,那可是披着铠甲、举刀横行的大将军呀!"

"这是真的?怎么趣事尽让你们碰到了!"小吉问我。

我只好将自己在珊瑚岛看到的场面又说了一遍。谁知却引来了李老师的奇问:

"哎,不是说鹦鹉螺也喜欢吃螃蟹吗?难道螺都喜爱吃蟹吗?"

我和小吉只有沉默的份儿。

停了一会儿,我也想起来了:

"刚才在路上，我看到一只大蟹。蟹壳有茶杯盖大，黑红色的，正急匆匆往林子里爬，也是趁着大雨从海里上岸的？"

小李说："它其实主要在森林中生活，叫林芝蟹。我们叫它垃圾蟹，岛上很多，晴天巡逻时，走几步就能看到一只。"

李老师说："我走过那么多的森林，东北的大兴安岭、西藏的林芝、热带的西双版纳、亚热带的武夷山……还从来没有在森林中见过这样的大蟹，最多只是林间小溪中有种小溪蟹罢了。"

森林蟹，准确地应该说是热带雨林蟹，此时散发着极大的诱惑，这可是难得的好机会。一般说来，我对海蟹兴趣不大，因为我是在巢湖边长大的，蟹多又肥。秋凉后，想吃就搓根粗粗的稻草绳，一头放到湖里，一头放在门前的水桶中。只要点盏灯，不一会儿，它们就顺着草绳爬上来，再"扑通"一声掉进桶里。一晚上能捕到十几只自投罗网的家伙。至今一想起毛蟹，说得文雅一点儿，依然"口舌生津"。

"走，去看看。雨也停了。"

我们赶紧换衣服。小李先去征得连长的同意。小吉则去准备其他事宜。

一会儿，指导员笑呵呵地提着塑料桶来了：

"沾两位老师的光。我刚调到东岛，也想去见识见识，顺便了解岛上的环境。平时，战士们是不捉蟹的。"

小吉、小李都提来了桶，也用捉沙蟹的办法？却没见到狗。直到鸟博士递给我们大手套这才明白。我自恃捉过那么多毛蟹，坚决不戴。

雨是停了，但月亮还在云层中，天幕上只时而露出几颗星星。微风时时将林中的清香拂过面颊。

手电筒照亮了林间小道，可是走了很长一段路都没见到蟹的影子。小吉说，别是下雨了，它们躲进林子里。李老师听了就要往树林里钻。

小李忙说："这边不行，惊了鸟儿，会影响它们孵蛋。惊了野牛，更容易出危险。别急。等到地方，你们捉都来不及。"

指导员发话了："跟着小李走。他守岛十几年，哪块石头都认得他。"

海浪拍打礁石，"啪"的一声之后，接着是一阵轰隆隆的声音。

"蟹！"

　　李老师已越过我的身边。谁知，她刚伸手，那横行将军旋即举起大钳，钳上的齿又尖又粗，两只突出的眼珠竟然也转了起来。吓得李老师伸着手愣在那里，它却趁机溜了。

　　我们全都被这只蟹吸引到了林子里，只听小吉喊着："我抓到了一只。喂喂！别夹我的手。"那只蟹也胜利出逃。

　　"乖乖隆地咚，满地都是蟹，快到这边来。"李老师一激动，带着乡音的口头语就冒出来了。

　　"注意，抓到后翻过来看看，腹部有子的是母蟹，必须放掉。"小李告诫大家。

　　真的，他刚放掉的那只，腹部桃形的白盖子外，满是黑黑的、晶亮晶亮的蟹卵。

　　只听到将蟹丢到桶里的声音，再也听不到小李、指导员他们说话。大家都只顾捉蟹了。

　　我瞅到一只大蟹，背壳红得发黑，连忙下手去抓。刚用两个手指卡住，就感到疼痛难当，本能地一松，还被它狠狠用劲钳了一下。才落地，嘴边吐着白沫，它居然对我瞪了一眼。气得我上去一脚将它踩住……

　　突然听到头上有响声，用电筒一照——树干上有只蟹正

对着我骨碌着眼睛，举着大钳。刚好是站在海岸坡上，又是半抬头的状态——我的处境极不利，只好先去应付。等到我刚伸手准备去捉它，它却哧溜溜爬到了高处。再想到脚下的那只蟹，早已不见了踪影……

我正在沮丧中，转而一想，自己又不是来捉蟹解馋的。不捉蟹，只顾看吧。

是的，两三只大蟹正往树上爬着，尖尖的爪指在树干上发出沙沙声。它们头上那两只带柄的眼睛活像雷达，转动一番，就各自选定了目标。上苍就是这样安排生命的各个器官，赋予它们生存的技能——

这是一棵羊角树，一只蟹用左边的大钳夹住上方的枝

子，往跟前拉——上面是只果子，渔民叫羊眼果或野荔枝，长圆形，外面长了一个个眼子——大蟹又用右边的大钳钳住羊眼果往嘴边送，随即响起了"咔吱""咔吱"声。没一会儿，它将左钳一松，枝子稍稍弹起，那里已没了羊眼果！

静下心来一听，这里那里响起一片细微的沙沙声，很像春天蚕房里的蚕吃桑叶的声音。

小蟹却在地下忙得不亦乐乎——寻找落下的羊眼果。

若不是亲眼见到，我很难相信蟹会爬树。

我悄悄地到了海边，这里确实是礁岩岸，海面在下方两三米，几乎没有沙滩。我想找到蟹上岸的踪迹，可是只有一些隐隐约约的蛛丝马迹，无法得出结论。倒是看到了鱼群在浪峰翻腾，都有半米多长，头很大。是觅食，还是嬉戏？南海的海水就是这样的纯净，电筒光也能透过几米深的水。

嘿！电筒光圈中游来了一只大海龟，它嘴边拖拽的是什么——啊，不是水母——像是海绵哩，正在往肚里吞……

"李老师，快来！"

等到她赶过来，大海龟只留下一个背影。她埋怨我喊得太晚了。可这能怪我吗？

　　"刘老师，那边太陡。回吧，有大半桶的蟹哩！"小李
在喊。

　　李老师也只得快快往回走。小李正在最后筛选捉到的
蟹，只要是不合他的标准，全都扔到桶外放了。

真是满载而归。李老师想拍照片，可没等调好焦距，四周的模特蟹早已逃之夭夭。

路上，迎面走来一队身着迷彩服、荷枪实弹的巡逻队员。他们只是向指导员敬了礼，报告了情况，却未向装蟹的桶看一眼。这才使我想起东岛是海防前线，军事禁区……

小吉端来一盆香喷喷的蟹，小李和指导员都没来。我只留下了几只，余下的还请小吉送给战士们。这晚，我才真正尝到了林蟹的鲜美，一改多年积累的对海蟹的印象。

第二天，小李又告诉我，他们平时只揪下蟹的一只大钳再放掉，因为林芝蟹还会生出一只新钳来。只有看到它们危及到羊角树的生长，才动员大家去抓几次蟹，也算是改善战士们的生活。

难怪听说东岛战士的伙食最好，他们这样做，不仅维护了岛上的生态平衡，同时也是资源的可持续运用。关于对自然资源的保护和利用，一直有着激烈的争论。东岛提供了最好的示范，关键是摆正保护和利用之间的关系。

　　一个星期的考察生活很快就结束了，小李每天都陪着我们在林中观察鲣鸟，早上6点去看鸟群飞出海岛觅食，傍晚去等待它们的归来，考察它们离岛、归岛的路线……直到我和李老师坐上了返程的巡逻艇。上岛的时间虽然很短，但留给我们的印象却十分深刻。望着渐行渐远的海岛轮廓，望着仿佛是欢送我们离去盘旋在空中的美丽海鸟，我感慨万分。东岛真是太美了！而且，这里的动植物构成了一个和谐的生物圈：野牛不吃草，专吃抗风桐的树叶；地上的草长粗了，成了鲣鸟筑巢的材料；鲣鸟和其他的海鸟共同栖息在抗风桐的树枝上，成了野牛的"哨兵"和"私人医生"。另外，还有控制野牛和林蟹数量的做法。这一切充分说明了，大自然有其特殊的存在方式，既遵循自然的发展规律，又受到客观的生存制约。这就是科学。人类，必须顺应这一自然发展规律，并且用科学的、长远的眼光和手段进行辅助。只有这样，我们人类才能真正融入地球村的生物圈，和大自然和谐相处。